晚熟时代

好的人生，开始于你不再拒绝长大

王浩威 著

北京联合出版公司
Beijing United Publishing Co.,Ltd.

图书在版编目（CIP）数据

晚熟时代：好的人生，开始于你不再拒绝长大 / 王浩威著；-- 北京：北京联合出版公司，2018.3
ISBN 978-7-5596-1689-0

Ⅰ.①晚… Ⅱ.①王… Ⅲ.①成功心理 – 通俗读物 Ⅳ.① B848.4-49

中国版本图书馆 CIP 数据核字（2018）第 018464 号
著作权合同登记 图字：01-2018-0728

晚熟时代：好的人生，开始于你不再拒绝长大
作　　者：王浩威
总 发 行：北京华景时代文化传媒有限公司
策　　划：韩倩玉
责任编辑：昝亚会　夏应鹏
封面设计：仙　境
封面绘图：黄琼萱
版式设计：张　敏
责任校对：毛帅鹏
特别鸣谢：武志红　陈婕君

北京联合出版公司出版
（北京市西城区德外大街 83 号楼 9 层 100088）
北京中科印刷有限公司印刷　　新华书店经销
字数 180 千字　　880 毫米 ×1230 毫米　　1/32　　7.5 印张
2018 年 3 月第 1 版　　2018 年 3 月第 1 次印刷
ISBN 978-7-5596-1689-0
定价：48.00 元

生命长河，如梦如风

犹如一段逆向的历程

一个挣扎的故事，一种反差的存在

留下探索的记录与轨迹

推荐序 Foreward

1

慢慢，但坚定地长大

浩威和我不是一代人，按说是我的师长辈，但我从来都是直呼“浩威兄”，这是浩威的要求，我也觉得这样最对。

作为台湾心理学界的权威，浩威是没有一点权威感的人。

我想，所以曾奇峰才有这样的感慨吧，如果不是和浩威成了朋友，那就会选浩威做自己的咨询师。

浩威兄，和奇峰兄，都是权威，但都是不必把他们当权威来对待的人。他们都是有一颗赤子本心的人，这样的人，有一种永远的孩子的感觉，可同时你又觉得，这才叫成熟。

多年前，在一个饭局上，我突然有感觉，说，成熟有两种，一种是掌握了现实世界的规则后的老练，一种是人性在自己身上的一种圆满。

浩威的身上，是后一种。这种圆满是一种很自然而然的东西，你不必当作某种境界去敬仰，你只是觉得更亲切、更自然、更想靠近。

人性的成熟，在华人社会，我觉得不易，因为“听话”是华人社会父母对孩子的一种共同期待，当这种期待成为一种基本存在时，华人社会的年轻人，成熟就被严重推迟了。

当然，年轻人的成熟期被推迟，并不仅仅是华人社会的现象，实际上也是人类的共同现象。比起其他各种动物来，人类的成熟期都严重被拉长了。

不过，我还是想说，华人社会有其独特性在里面。

有大格局的咨询师，会一叶知秋，通过他们的咨询个案，也通过他们对社会的关切，从中嗅到社会中的一些共同现象。浩威兄就是如此，他通过自己在专业工作中磨炼出的专业视角，所关注的不再仅仅是个案本身。每个来访者的关注点，他们的痛苦，他们的喜悦，和带来这些的感受的整个社会和时代。他把感悟到的一切，延伸到华人社会与文化中，而提出了“晚熟时代”这样的概念。

在我看来，好的咨询师，他们不是在拿自己的头脑和别人，乃至这个世界打交道，他们是在用自己的心和身体，去感悟这个世界，浩威兄即是如此。他是在真正感悟这个世界，因此有了自己一整套的观察，而通过这样的敏感心灵，我们也可以看到，我们身处的华人社会中的一些共同的东西。心理学，可以说是社会学的高度集中，是社会学在人的意识的集中反映。

并且，浩威兄身上有非常温暖的特质，他因而和我很不同。我们应该是有一些共同的观察结果，但我相对是比较冷的，这种冷也体现我的文字中，而浩威兄的文字和观察，就温暖了很多。因而我想，当读者看完了《晚熟时代》之后，应该会和奇峰兄有同样的感受——不过，你们还有机会成为他的来访者。

我相信，阅读这本书的过程，本身就是一个疗愈的过程，因为，你会感觉到被他看见，被他理解，被他真正地共情到了。这种理解，来自一位充满了人本主义关怀的精神分析师的洞察和体恤，来自他对个案，对每一个真正的个体，对这个时代的关注、思考和理解。

《晚熟时代》在这个时候面世，是一件非常及时，非常重要的事情。过去十年间，关于“啃老族”“妈宝男”“公主病”的对 80、90 后的讨论很多。这一代人似乎承担了非常多的关于成长的诟病。随着互联网的普及和信息的流动，大家似乎看到了越来越多的“拒绝长大”的表现：草率的婚姻、对社会责任的逃避、情感和经济的不独立。上一辈愿意指出这一代的“软弱”，却很少能换位思考、设身处地地去了解和理解这一代人——如同他们指责和担忧这一代“太自我，不懂理解别人”一样。

这一代人，在这个“晚熟时代”里面，经历了从计划经济到市场经济的转变，经历了信息大爆炸（这个词，恐怕生于互联网时代的 90 后已经没有印象了，但是 80 后一定还记得那个信息有限、生活缓慢的 20 世纪 90 年代）。他们可能是中国历史上唯一的一代独生子女，有的人承受着童年过度被关注和溺爱带来的后果，有的人习惯了一个人的生活，羡慕着从未拥有的兄弟姐妹之情。更多的人，是承担着这个时代给予独生子女的时代负担：两个人赡养着四位老人，和两个孩子。他们的生活和精神压力是空前的。他们也曾经并且一直被认定为“不成熟”，同时还努力去学习成为父母和养育下一代。想要理解晚熟，我们不能离开这个宏大的社会和时代背景。

关于“不成熟”，我觉得这不仅仅是我们这一代中国人面对的问题，这也是全世界都在面对的问题。日本社会的低生育率、低成家率；欧美社会的游戏化、虚拟化，这些都是这一代人的整体特点。这一代人也在努力着去理解其自身。在这样的人类社会整体转型之前，成家、立业、繁衍和养育下一代，这是大部分社会的成人向往的生活方式。当我说向往的时候，是在说明，在上几代的社会和他们的人生规划中，这些不是被迫的，而是主动向往的。人类社会的进化从未如此迅速，使得变革发生在一代人之中。晚熟的一代，他们既面临着自身的成长和发展，同时又需要适应着时代的巨大进步——这种适应，是人类历史上从未有先例的。

晚熟的一代，他们面对着上一代的溺爱（我们谁不想孩子过上自己未曾享受过的日子呢？）、平辈间的竞争、老一辈可能过时的生活经验和自己总是看不清楚的时代、独生子女的孤独和压力、无人理解的困境。日本的年轻人在某种程度上对未来产生了潜在的绝望，这和低生育率有心理上的关联；西方社会的游戏、虚拟现实，也成了这一代暂时喘息的空间。从临床心理的角度，我们应该去理解：这是晚熟的一代对于适应社会的一种方式，是他们尝试去理解自身和建立社会的努力，而不应仅仅被理解为对责任的逃避。如果我们能够更好地理解这点，也理解自己，或许，我们就会发现这才是我们成熟过程中的独特之处。

总体来看，浩威兄的《晚熟时代》是一本非常温暖，非常人本的著作，字里行间充满了深深的理解，对人作为人的理解。人，和他所存在的社会，都有各自的局限和潜力，这才是真正的生活着的人，才是真正的有机的社会。在《晚熟时代》里面，我看到了活色生香的喜怒哀乐，充满温情和日常气息的人和他们的故事。人的一生，就是不同的经历，和经历着人生的个体。浩威兄通过他细致的解读和优美的文笔，给了读者希望，以及在晚熟时代中的突围之道。

我希望作为读者的你，在读过这本书之后，能够学会慢慢，但坚定地长大。

心理学家 武志红

推荐序 Foreward

2

我所认识的浩威

认识浩威四分之一个世纪了，到了一个想了就会心慌的年限。

二十五年前，我任住院医师第一年的尾声，小小的医师办公室弥漫着期待、焦虑及欢喜的氛围。新一年的住院医师已经报到了。最重要的是，当中有位知名的帅气诗人。

几天后，在一个盛夏闷热的星期三早上，第一次见到浩威。

为欢迎他大驾光临，我们早已好奇地翻阅了浩威学生时期的一些作品。对于才子医师的降临，我们这些学长、学姐张大了嘴及眼睛，好奇、崇拜，也莫名地偷偷景仰爱慕起来了。

他是一位存活在与我们完全不同世界的人。

浩威来了，我们才知道，原来书桌上的文具摆设要清一色的黑或白。其他的颜色，放着，就是碍眼。我们也有机会学着欣赏简单的黑咖啡所散发出来的草味。

因为浩威，Suzanne Vega 悠悠的清唱，开始陪伴我们度过一个又一个值班的夜晚。浩威谈 Lacan、阅读 Fromm、讨论 Jung 这些有着神秘外国名字的作者的文字或是趣闻。浩威爱读书，几乎到了上瘾的程度。

从年少轻狂的年代开始，浩威就这样细细品味着人生，细嚼慢咽地过着都市中的波西米亚生活。当然，浩威也会和我们一样，在七点半的晨会中昏睡过去，或是在星期三的教学日浑浑噩噩心猿意马急就章地敷衍一番。

他终归是个诗人。对于许多事情，虽然他总是在其中，却又是远远地站着。他希望被注意到，却害怕被了解。

认识浩威久了，逐渐了解他之后，就被他的毅力、冲劲及执行力所摄住。他做了一些当年所有“有为有守”的医师不会做的、离经叛道的事；离开人人称羡的台大医院，甚至是离开了医学中心的体系。或是，以医师的身份担任起专职的执业心理分析师，同时经营出版社，以及永不停息地旅游及创作。

他选择离开医师传统的舒适圈，挑战、创新、一步步建立起自己的王国。

我们看着他，以过人的毅力及勇气，逐梦、筑梦。

浩威执业以后，开始有系统地整理诊间的案例。他总是以冷静旁观者的身份，娓娓道来一个又一个生命故事。

这一本书延续了浩威过往类似书籍的特色：将艰巨冷僻的

理论、知识，与临床千变万化的实例，用流畅温和的文字，恰到好处地融合在一起。这一次，他借由行医当中的个案经历，佐以或是社会学，或是心理学，或是精神医学的知识，以比一般类似书籍更全盘思考的角度，去探讨孩子及他们的父母所面临的困境。借由浩威的博学多闻，我们得以从更宽广、更人文的角度去思考这些社会现象。

然而，这一本书又与浩威过往的创作有着极大的不同。

经由多年的临床经验及大量阅读累积的知识，浩威在分析这些个案或是解析现象时，已经树立起他个人独到的见解及风格。

在这本书中，浩威展现了一位成熟及优秀的精神科医师、心理治疗师的敏锐及智慧。

这本书最让我动容的，也是当了浩威多年朋友最欣见的，是我在书中终于读到他的自在及释怀。他已经可以放下盔甲，坦然地聊自己，也可以带着虽然还是遗憾及忧愁，却勇气百倍的心境，回过身子去拥抱记忆里的父亲。

那个曾经是远在云端的诗人医师，以他洗练多年的人生历练，呈现给我们一本值得一再咀嚼的好书。

林口长庚医院儿童心智科主治医师 张学岑

名人推荐

心理治疗的内容反映个人的人生经验所形塑的情绪、思考、行为等性格特征；王浩威医师以敏锐的笔触，从历史、文化、社会、教育、心理等角度剖析问题，教我们生活，是容易读、值得读的好书。

——宋维村（天主教若瑟医院院长）

不确定的时代，还有什么能坚持的？还有什么值得追寻？

这一代，不论是孩子或父母，都得面对如此巨大的课题。

就让浩威医师陪着我们，分享他的生命能量与经验，一起找寻出路吧。

——陈蔼玲（富邦文教基金会董事）

王浩威医师向来观察细腻、见解精辟，但他的心灵与文字，更教我感动。在十倍速时代的巨流中，他对第一线临床案例的思索与整理，绝非迎合快餐时代的简化解答，而是以专业的敏锐，洞悉洪流的成因，为在集体焦虑中载浮载沉的你我，指出前行的方向。

——梁旅珠（亲子作家、明曜亲子馆执行长）

作者序

Preface

十倍速时代中的晚熟时代

要如何讨论现在的年轻人？他们之间的个别差异是如此巨大，彼此矛盾，所产生的现象是过去时代所没有的。

刚刚出炉的美国杂志《今日心理学》（*Psychology Today*）2013年7月号，访问了塔薇·纪文森（Tavi Gevison）。她是一位年轻的女生，1996年生，十七岁就已经创业成功了。更早的五年前，她才十二岁时，她的博客“菜鸟时尚”（Style Rookie）一鸣惊人，获得广泛的注意。这博客后来转向大众文化和女性主义话题，开始成为网络杂志《菜鸟杂志》（*Rookie Magazine*）。现在她手下有四十多位工作人员，包括编辑、记者、作者等，从十三岁到五十多岁都有。《今日心理学》的编辑问了一个问题：这么年轻就开始创业，是怎样的一种体验？

我是在一个口试的场合见到士凡的。这场口试是某个非营利机构针对他们所提供的参访机会而安排的，获选的人可以免费参加日本传统文化之旅。士凡递上来的履历和自传立刻让人印象深刻。他才大学二年级而已，却已经去过柬埔寨、菲律宾等地担任义工，而且，设计了好几款 APP 上市销售。他回答评审的问话，说："最好的是 ×× 的那一款，因为他们没做微软系统，我就改一改，已经有两万多人购买了。"他提的 ××，是一种非常受欢迎的云端空间服务。

塔薇也好，士凡也好，都是这个十倍速时代下的新鲜产物，是过去的时代无法想象的。人类的活动随着这个世界的信息化和全球化，是愈来愈加速了。全球化的发展消弭了昔日各种的隔阂藩篱，使旅行、信息传播、物品等各种的空间移动以往所受到的阻碍，前所未有地减少；而信息化则开发了愈来愈快的移动方式，让所有的信息可以零时差地传播。这样的速度，比人类世界工业革命时代至少快了十倍。所以，趋势观察者或管理学者，像前英特尔总裁葛洛夫（Andrew S.Grove，1936—），在他的畅销书《只有偏执狂可以生存》（*Only Paranoid Survive*，台湾书名为《十倍速时代》，大块文化出版）里，不断地指出，这是一个机会和威胁都以十倍速度来临的时代，为求生存和发展，人人应自我省察，掌握机会，创造格局。

然而，这世界大部分的人，至少是 99% 的人，他们的应变方式，并不是葛洛夫呼吁的那种充满警觉的偏执状态。对大部分的人来说，他们只是更紧张地想要自我保护，想要找到自己的挪亚方舟来逃过这个看起来像洪水来袭的快速时代，而不是打造一艘新的承载工具来利用这水流的能量和速度。人们的反应和动物的本能反应一样，fight or flight，战斗或逃逸。大部分的人选择了逃逸，而不是葛洛夫主张的战斗。大部分人开始向四面八方逃逸，他们以为很快就可以找到安全的不动陆块。于是，人们拔起腿就跑，逃呀逃，陆地却一直都没出现在眼前。对现在的新一代而言，在他们的成长过程里，在他们踏入每一个新阶段时，大部分的人，当下的反应都是逃逸的形态。

逃避洪水的一代

他们总觉得自己还没准备好，觉得期待中的那一片陆块还没出现。他们其实不知道，在这个被十倍速洪水席卷的世界里，昔日那些良田早已不存在了。比起《圣经·创世记》里所记载的大洪水，这一次的十倍速洪水并没有淹得像创世记里那么彻底，还有很多没被卷入的角落分布在世界各地，没被十倍速所淹没。这些角落也许在台东乡下的农村里，也许是台南市败落许久的老房子，也许在台北旧城区的某一转角处。然而，不论在哪里，还存有的小小陆块绝不是昔日的良田，也就是过去观念中的美好工作、美好职业或美好的人生未来。如果他们继续等待过去熟悉的良田，必然会一直处在逃亡的状态，永远没有进入下一人生阶段的时候。偏偏，也许是逃亡本身令人变得保守胆怯，大部分的人于是就这样地一直等待着。

这样的逃亡，另一项特色是往四面八方散开了，也就是所谓“树倒猢狲散”。过去可以互相帮助而省下许多成本的分工合作方式，家族也好，传统小区也好，如今全都各自顾死生而奔向不同的方向。传统的关系散了，每个人处在以个人或个别核心家庭单兵作战的状态。这样的结果，对每个人而言，既消耗成本，也经常将自己弄得紧张兮兮的，几乎随时都可能情绪高涨而崩溃或生气吵架。于是，恐惧更加深，安定下来的决定更难抉择了。大部分的年轻人不是塔薇，也不是士凡，他们是逃亡者，想逃离集体潜意识处于高度不安的这个时代。他们于是紧紧抱着眼前剩下的这块浮木，以为这就是可以带他们逃出大洪水的挪亚方舟。大部分的年轻人总是对一切都犹豫着。

而犹豫这类的心理状态之所以涌现，往往是当事人觉得自己还没准备好。他们内心深处有一种想象，以为有一种近乎完美的状态（虽然大部分人不承认自己是要求完美的，但他们确实害怕任何的准备不足），才可以投入这个十倍速的水流里。然而塔薇和士凡不同。在他们的心智里，水流原本就是这样了，没有所谓的十倍速。他们像生在水里的孩子，很快地投入水流中，很快地善于运用这样的动态世界。在他们的脑海里，从来没有“准备好了”这样的情形。他们天生就在里面，没有“需不需要跨进去”这类的抉择。他们喜欢水流，也喜欢自己内在所拥有的一切，而不会担心自己的装备是否不足或不好。他们是数字时代的原住民（digital native），天生就属于这环境，没有所谓的变迁。

但大部分的年轻人却是担心的。同样地，他们的父母也担心着。于是，有时候，迟疑许久的年轻人想跳下水试一试，惊慌的父母却想出理由来阻止他们。然而当年轻人留在家庭这块甲板太久了，父母却又嫌他们是赖家王老五，是父母想退休了，却还要背负的十分无奈的负担。于是，这一代的年轻人被自己，也被这时代耽搁了。他们的一切都处在还没准备好的状态：即便不得不低下头试一试了，仍觉得是没有退路所逼的，不是因为自己准备好了。就这样，大家的大学读得愈来愈久，赖家赖得愈来愈晚，单身阶段也愈来愈不可思议的长。

同样地，他们的父母，也是愈来愈晚熟，或者说，愈来愈不成熟了。这个世界在面临十倍速时代的时候，过去的社群或家族已经消失无踪了。这时人们才惊慌地发现，原来过去担任父母的亲职工作的，其实不是父母自己，而是家族或社群的集体力量，是有一种姑且称之为“父母集合体”（the Parenting Collective）在抚育小孩，父母只是中间的媒介。

传统的社会里，各种亲职的知识和智能是存在于这个“父母集合体”中的。怀孕要注意什么，没有一个人会知道，但同时问问大家就知道了。同样地，要怎么照顾小孩，要怎么处罚小孩，要怎么帮助某一特殊状况下的小孩，都是问问大家就知道了。这个大家，就是“父母集合体”。“父母集合体”不只是提供智能和知识，它还提供监督。如果哪个父母太不尽责，哪个父母太虐待小孩，大家就会出面阻止。这也就是为什么在过去社会，虽然体罚小孩是一种普遍的行为，却很少听到有小孩被过度虐待，更不用提乱伦，或小孩被父母活活打死的。但是现在，体罚不再合法了，大部分父母也不体罚了，却有许多小孩被照顾者凌虐至死，而乱伦或性侵的个案也是有增无减。

然而，这个“父母集合体”随着传统社群或家族的消失而不见了。

在这种情况下，这一代的父母几乎是第一代要自己负责养育小孩的父母。他们一切从头学习，才发现有太多环环相扣的知识埋藏在里头。育儿或亲职的书籍在书店里是可以陈列一整面墙的，相关的专家也如过江之鲫，但这个领域的学习和理解，对我们整个社会而言却还是不够，更不用讲个别的父母。父母更是着急了。只是，惊慌或焦虑的父母，反而将小孩子拽得更紧，因而过度保护了。殊不知，新的问题在这样的反应中又出现了——他们的保护，其实是剥夺了小孩通过探索而完成成长的唯一机会。

在这诸般因素的影响下，一个晚熟的时代就这样诞生了。年轻人觉得自己还没准备好，而父母却又不够成熟。当十倍速的时代创造出了葛洛夫口中所说的机会时，却带给这一时代的家庭新的大洪水。只是这一次，父母也好，年轻人也好，再也不能像《创世记》一样，以为可以找到挪亚方舟。这场新的洪水，十倍速的氛围，我们只得相信自己是鱼，相信自己是有水肺的新人种，随时都可以下水。就像学游泳，愈早下水的，学得愈好。新的洪水来临了，恐怕永远不会消退。然而，晚熟时代何时才能结束？这是一个无人能回答的问题，也将是我们要共同面对的问题。

这一本书想讲的，就是这样的一个时代，以及这个时代里许多辛苦挣扎的年轻人和他们的父母。

这一本书能够完成，特别要感谢心灵工坊的编辑黄心宜，感谢我的助理黄梅芳，感谢《张老师月刊》的编辑高惠琳和《亲子天下》的秦嘉弥。最后，要感谢我的母亲王李彩銮女士和我的亲密伴侣谢文宜。没有她们有形无形的支持，就没有这本书的完成。

目录

Contents

辑一 晚熟时代来临了

辑二 我的未来只是梦

辑三 新时代，父母不懂的新困境

辑四 焦虑的父母，偏差的教养

辑五 父母要像一座山，自在地存在着

辑一

晚熟时代来临了

消失的小孩

一个有自信也有方向的家庭，当然就会出现一个对未来有希望的年轻孩子，也就觉得生育子女是一件很幸福的事，而不是充满担忧的负担了。

Where have all the flowers gone？
Long time passing
Where have all the flowers gone？
Long time ago
Where have all the flowers gone？
Gone to young girls， every one！
When will they ever learn？
When will they ever learn？

花儿都哪里去了？

时光飞逝

花儿都哪里去了？

很久很久以前

花儿都哪里去了？

少女们将它们一一摘下

人们几时才会明白？

人们几时才会明白？

孩子都到哪里去了

彼得·席格（Peter Seeger，1919—），美国现代民歌之父，他是在三十四岁那一年前往俄亥俄州参加音乐会时，在飞机上写下这首歌的。

他坐在飞机上，在自己的笔记本上看到昔日抄下的几句话："花儿在哪里？好想摘走它们。女孩在哪里？男人娶走她们。男人在哪里？军队带走他们。"这是他更早两年，阅读苏联作家米哈依尔·肖洛霍夫（Mikhail Aleksandrovich Sholokhov，1905—1984）的小说《静静的顿河》（1965年诺贝尔文学奖获奖作品），从书中看到的哥萨克民歌《磨罂粟》（*Tochu*，*Tochu Mak*）的歌词。

小说里只有歌词没有音乐。彼得·席格将歌词配上另一首俄罗斯民谣 *Koloda Duda*（女子名）的旋律。

这首歌最初的版本只有三段，如哥萨克民谣原来所唱的《花儿、女孩和男人》。后来他的伙伴乔·希克森（Joe Hickerson）加上了第四和第五段，就成了《士兵和墓园》。

这样的一首歌，是古老的民谣，却也是美国现代民歌的重要作品。

民歌在人们之间流传，严格说来没有单一的作者。每个人都可以重新改编歌词，也许根据自己的心情，也许源于外在的环境所激发的灵感。这样产生的每一段新歌词，都可能被众人传唱。

于是，如果有一位现代民歌手伫立在中国的街头，如果他发现愈来愈不容易看到孩童，甚至听到中国超低的生育率，他可会加上一段：“我们的孩子哪里去了？”

最不想生小孩的地区

2008 年，台湾妇女的总生育率，跌到历史的新低 1.05 人。那一年，我们又创下一个世界第一的纪录，也就是全世界出生率最低的地区。

目前世界各地衡量人口生育的多寡，所采用的标准通常有两种：一是粗出生率，是以总人口为分母，以每年新生儿数目为分子；另一则是总生育率，是指平均每位女性（一般指十五到四十九岁）一辈子所生育之子女数。目前较常用后者，平常所称的出生率也是指这一个。

一个国家或地区要维持原来的人数，总生育率要维持在 2.1 个子女数。一般以这个数字为标准，可以预测未来人口的增减。

台湾的婴儿出生率，因为战后的婴儿潮而在 1950 年冲到最高峰。从此以后，这个数字连年下降。2008 年出现了世界最低纪录，虽然在 2012 年飙上十年新高，拉回到 1.265，不再是全球之末。但这是因为“龙年效应”，想生龙子、龙女的家庭太多了。然而，即便是这样，在美国中情局 2012 年的排行榜，在 224 个国家和地区中，台湾仍是倒数第三。这最后六名由低至高是：新加坡、中国澳门、中国台湾、中国香港、维京群岛和韩国，当年的四小龙都包括在内。

中国大陆的开放较晚，但也很快跟上亚洲四小龙的步伐。

为什么中国成为最不想生小孩的国家之一呢？

在中国，这些年来，由于开放政策，医疗和教育开始实施产业化，而住房则实施私有化。这是三种民生最主要的基础也是最迫切的困难。如今，对年轻人来说，医疗、教育和住房这三个不容易超越的困难，几乎成了他们生活中最大的困扰。

美国中情局 2012 年的数据显示：中国大陆的生育率是

1.55，在224个国家和地区中排第184位。生育率低，和独生子女政策有关。然而，在上海、北京、广州、深圳等大城市，青年却是主动不想生育，甚至是不急着结婚的状态，于是生育率降到比中国政府所预期的还要低，这也是我们现在“二孩政策”的起因。大陆的社会学家指出，学会面对生活压力的年轻人们，也开始成为不想结婚的一代。

昔日的亚洲四小龙是这样，中国大陆也是这样，然而，为什么不是全世界都这样？

年轻的欢笑来自对未来的希望

2013年冬日到西班牙加泰罗尼亚地区（Catalonia）旅行，我们开着租来的小车，沿途在不同的城镇过夜。一个周末，我们傍晚才抵达赫罗纳（Girona）城。几年前，根据德国小说家徐四金作品改编的同名电影《香水》，就是在这里取景。也因为这样，这个省城才较为闻名，开始吸引各国来的观光客。我们到达的时间晚，当天只能参观古城的夜景。第二天正好是周日，城里四处都是出来散步的居民。我们也悠闲地走着，累了就挨着广场找个咖啡座坐坐。

广场上传来笛子、手风琴和手击鼓的声音，有准职业水平。慢慢地，年轻的男男女女逐一靠过来，围着圈就跳起舞来。虽然是传统音乐，但可能是新编而不觉陈腐；同样地，虽然是传统舞步，也可能因为青春的笑声洋溢了整个广场而毫无老气。

广场四周，散坐在我们前后的许多中老年人或携子女的年轻夫妇，也是充满喜乐地安详旁观。他们是如此习惯单纯地观赏。真正为这场景感动到极其兴奋的，只有算得出来的几位游客，包括像我这种拿着相机拼命按快门的外来者，再加上两位跟着妈妈来的，站在旁边也跃跃欲舞的三五岁的小女孩。

后来和当地居民聊起来，在盛赞之余，我忍不住说："这么多年轻男女，但小孩好像不算太多。"我原本以为是有小孩子的不同活动，可以绕过去看看；没想到这位居民的回答却是："那个马德里政府太烂了，整个西班牙经济拖垮了加泰罗尼亚，也就没人敢生小孩了。"

这句话也许夸张了。毕竟我们一路走来，在维克（Vic）或菲各罗斯（Figueres），还是看到了不少带着小孩的父母。然而仔细想想，又有几分真实。

更早的两三年前初秋的季节，我们是到波西米亚旅行，同样是租一辆小车，慢慢地开，一个小城一个小城慢慢地玩。我们从匈牙利的布达佩斯出发，一路经过斯洛伐克的布拉迪斯拉发（Bratislava）、特尔纳瓦（Trnava）和特伦钦（Trenčin）、日利纳（Žilina）诸城。最后才跨入捷克，经俄斯特拉发（Ostrava）一路开到布尔诺（Brno）。

这个区域是我 1991 年就曾开车游历过的地区。虽然路线十分不同，但地域是一致的，感慨自然是特别多。当年，苏联才刚解体，整个东欧开始幅度不小的震动。我和同行的伙伴们忘了捷克和斯洛伐克已经拆伙成为两国，少办了一个签证，硬生生在边境被拦下来关在一个小房间里。直到每人乖乖付了一百美元补办签证和缴罚款，再加上四五个小时的拘留后，才得以离开。

如今，气氛完全不同了。同样是从斯洛伐克跨入捷克，这次立刻充满轻松的气氛。在捷克的乡村小路上，到处都是骑着单车旅行的年轻家庭。甚至有些小孩还小，坐在小拖车里也玩得不亦乐乎。那一天，我们参观完一座斯拉夫传统的木造教堂后，再踅去山城逛逛。从山上步行下来时正是傍晚，饥饿感开始涌起，刚好经过一个像是住家院子的餐厅，里头有一群热络交谈的年轻人，还有一堆玩在一起的小孩。我们有点犹豫，不太确定是家庭朋友聚餐还是餐厅。再三询问后，才敢坐下来，比手画脚地点菜。

那一天同样是周末，同坐的顾客都是来自附近不同城镇骑单车出游的。他们之间的热络，很单纯地来自彼此自自然然的相互信任，同坐的我们当然也就很快地感受到他们的欢迎。

最讶异的是，爬上爬下的，有那么多小孩。

我们才想起来，一路上，从匈牙利到斯洛伐克，其实很少看到小孩子。进入捷克后，人们的热情不同了，许多小孩也出现了。

我记得那一年回来，特别去查了这些国家经济指数。捷克并没有特别突出。然而，我再去了解这十来年的政治状况，就明白捷克的情形：虽然同样在欧债的压力下，但比起其他东欧国家的政治，捷克既稳定也有方向多了。

一个有自信也有方向的家庭，当然就会出现一个对未来有希望的年轻人，也就觉得生育子女是一件很幸福的事，而不是充满担忧的负担了。

生育指标，至少我认为，比 GDP 在内的许多指标，都更具有经济学上的参考价值。

在家庭与自我间拔河的年代

进入 21 世纪，在富裕的经济条件下，个人的自我并没有如预期般地继续成长。甚至，反而是以小家庭或三代同堂小家庭为基础的家庭的自我，似乎愈来愈有影响力了。

彦杉第一次来到我的诊所才初中二年级。当时还十分年幼的他，侃侃谈起未来如何继承父业，想要继续经营家里的旅馆事业。我那时不以为意，只是想这是很多将进入青少年阶段的孩子最典型的思考模式，对父母的认同到了极点，而父母的价值观因而完全内化成为他的理想。

没想到多年以后，彦杉真的到瑞士洛桑念了一个餐饮管理的学历回来，甚至，法语也说得还不错。现在的他也果真在继续经营家族的旅馆。

家族的旅馆不大，彦杉以巧思将它转型为精品旅馆风格，且搭配商务旅馆的功能和价格。市场反应相当好。彦杉说，不只是来自海外的网络预约占了七成客源，甚至最近有几个大楼的业主都纷纷来问合作经营的可能。

然而，虽然工作相当顺利，他却为妻子和父母不和的问题而烦恼。妻子坚持搬出去住，才有自己的空间；可是彦杉犹豫着，不敢跟父母开口。他说："毕竟这房子是父母多年的梦想，他们刻意买这样的大房子，就是期待以后能过着三代同堂的生活。"的确，听彦杉说，父母甚至顾虑到他们的隐私，还巧妙地请人设计可以合一也可以分二的格局。在整个新房规划的过程中，他父母也都将房屋的构思以电子邮件寄给彦杉和当时还只是女朋友的未来媳妇，主动邀请他们参与讨论。

彦杉说："我当时就是觉得太太的想法和父母合得来，才特别追她的。怎么会想到，还有那么多琐琐碎碎的事情，可以吵到这样的地步？"

新的三代同堂，旧的问题

彦杉的处境，其实是我们社会变迁下，家庭何去何从的例子。

20 世纪 70 年代，经济开始起飞。这时广大的农村开始走下坡路，更多的人口迁移到城市。于是社会结构中最传统的部分，包括大家族和传统小区，都纷纷瓦解了。

这样的社会变迁自然也带动了家庭的变迁。王文兴的小说《家变》有着某种时代意义：主角的“我”不断质疑代表“家庭”的父亲。当时，社会学或心理学的讨论都同意：在台湾，家族将被个人所取代，“自我”将从“家族”中解放出来。

似乎，现代化将带来心理文化层面的西方化，也就是由传统的集体主义走向西方的个人主义；个人的自我（individual self）将取代家庭的自我（family self）。

只是，像彦杉这样，又应该怎么去解释？

进入了 21 世纪，在富裕的经济条件下，个人的自我并没有如预期般地继续成长。甚至，反而是以小家庭或三代同堂小家庭（而不是传统的家族）为基础的家庭自我，似乎愈来愈有影响力。

这样的情形，在中产阶级和中产以上的阶级特别明显。

前一阵子，我遇到一个退休的老师，是过去旧识。两人聊起来才发觉他已经搬到某个豪宅级公寓。因为是老朋友了，我开玩笑说：“没想到中学老师也变富豪了。”他才笑着说：“没办法，太太说这样就可以三代同堂了。”

我原来以为彦杉是因为属于富裕阶层，是我们社会的少数例外，才有三代同堂的想法。没想到，彦杉父母的想法，竟是如此普遍，连中产的薪水阶级也如此作想。

家族摆中间，自我放一边

柳先生是我在台大门诊遇见的个案，不像一般同年纪的男性，我总是要花好大的劲才能卸下他们的雄性盔甲，柳先生则是一下子就进入状态了。

严格说起来，不该说柳先生是青年，更不是青少年。

三十八岁，已婚，有两个就读小学的儿子。这样的资历应该是中年，至少是想抓住青春尾巴的前中年人。

他因为酗酒问题来找我咨询。

柳先生开始谈他在公司里和家族长辈的冲突，谈自己忙不过来的混乱生活，谈自己的太太如何不愿参加大家族的聚会。

这些话题看起来有些私密性，似乎柳先生一下子就信任我了。只是太容易来的信任，本身往往可能隐藏极佳的阻抗，是个案潜意识里想转移心理治疗师的重心，不要再做更深入的探索。

柳先生虽然很快地进入这些私密的话题，但他的叙述方式总是轻轻柔柔的；虽说是生活的这一切让他十分委屈，却又说不出这股强大的情绪应有的足够理由。

“好像谈到家族的长辈，你就颇多顾虑，似乎讲多了不礼貌？”

有一次我趁机抛出一句话。柳先生愣了一下。我又继续说：“甚至，除了我刚开始的询问，你几乎不曾谈起你离婚的爸爸和妈妈？”

柳先生的爸爸和妈妈都来自显赫的家族，当初父母结婚意味着两大家族的结盟。自然地，离婚也就令这盟约出现嫌隙，甚至是有些暗潮冲突。只不过在台面上，大家还是和和气气。

作为独生子的柳先生，总是处在两边家族的鼓励之间。这些鼓励大多是相同的，而柳先生也就一一完成了：从美国某常春藤学校毕业，在海外银行工作，两年后又去念美国排名前三名的某大学 MBA 硕士班，然后回台和一门当户对的女子结婚。

然而，来自两个家族的鼓励，还是有差异之处：柳先生究竟是要去爸爸家族的事业体，还是妈妈家族的？这对柳先生来说是个头大的难题，酗酒的问题也就是从那时候开始的。总之，在复杂的外在家族过程和内在的心理过程之后，他去了大舅的公司担任副总经理。

当我们的会谈较深入时，柳先生开始抱怨他的爸爸和妈妈。当谈到工作时，他抱怨公司“根本没有妈妈讲的那么健全”，“和大舅意见不同时，妈妈为什么不站在我这一边”。而谈到父亲，他怀疑父亲虽然一直表现出很关心的样子，其实内心深处早已因为他的“背叛”而不理他。

我眼前这一位是三十八岁的企业界高层主管，但我却感觉好像是在接触一位青少年，或者说，将进入少年阶段的个体。因为他所说的“我”，都是属于家族或父母的；而家族或父母，过去都是他满意而想讨好的，也是他所有行为所依循的指令，直到酗酒为止。

酗酒一开始是因为他不再能够同时讨好两边的家族。而酗酒问题的加重，则是他开始发现父母（或家族）不再像他以为的那么全能或完美。然而，酗酒的开始也是他第一次做出两边家族都不夸赞的行为时。

家族与个人之间的依然纠缠

这些年来，台湾也好，大陆也好，陆续都有人提出华人的心理问题似乎是纠缠在个人和家族之间。

以柳先生的实例来看，如果我们略过他已经三十八岁的这个事实，他的问题其实是一个个人如何从家庭中分化出来。

家庭治疗者可以从他如何因为要平衡父母关系的紧张而成为第三点，整个家庭结构于是成为由他伸出双臂的三角形来分析。这也就是家庭治疗所提的三角化关系（triangulation）。

三角化关系是家族治疗先驱莫瑞·包文（Murray Bowen，

1913—1990）提出的，指的就是上述的情形：夫妻没办法处理彼此的关系，两人（或其中一人）不自觉地会转向另一人（可能是小孩，可能是家族中的其他人，也可能是家族外的人）；通过这三人的关系，形成三角形，夫妻关系在里面才能找到平衡。

在三角化关系中，如果另一角被抓住的是小孩子，一方面我们会说小孩成了代罪羔羊（scapegoating）；另一方面，我们也可以说，这小孩将成为小大人（adult child）或亲职化小孩（parental child）。代罪羔羊通常是指小孩以外显行为或身体症状呈现的问题，小大人则是指心理状态被固着在某个阶段。

柳先生七岁时，父母开始闹离婚，他是否有任何退行现象或身体化症状，他自己已经不记得，只是，小大人这样的心理固着化现象确是出现了。小的时候，他表现得比任何小孩都稳重而成熟，他没出现任何少年该有的叛逆期，甚至是十分有家族观念地想为家族争光。

这种为家族争光的心态，简直就是20世纪70年代的台湾还经常能听到的“光宗耀祖”口号的翻版。然而，这些年来，似乎我们再也没听过了，再度提起反而觉得十分错愕。

家族的重要性，曾经一度随着社会的变迁，不再有过去的力量了；但是，个人的重要性，似乎也没有完全取代家族。在过去，关于经济起飞所带来的现代化，原本以为是西方式的文化将全面降临，自然地，以个人主义为哲学的西方心理学，就可以彻底运用在华人世界了。

只是，这样的发展，乍看是全面西化的倾向，但似乎在某个点就停滞了。甚至，还有新的发展，譬如：新的家庭自我。这时，怎样的心理学和心理治疗，才是我们社会所需要的呢？

王文兴的小说《家变》所预言的世界并未来临。在中国，西方式的个人主义并没有随着现代化而降临。

日本的荣格分析师，也是日本前文化厅厅长河合隼雄（1928—2007），在1995年和日本小说家村上春树的一场对话里，讨论了欧美文化的个人主义。他先表示“身在日本的时候，对西方人所说的个体这个东西是很难理解的”，“英语中individual所指的‘个体’，和我们真正当作问题的‘个性’（individuality）这个词其实是很不一样的”。

作品被广译成许多种外文的村上春树，表示他的小说读者，在日本和在国外是很不同的，“不过，亚洲的读者大体上和日本读者很相似”。但韩国读者“所追求的居然是疏离（detachment）哦”。针对这点，河合表示：“韩国和中国的情况，所谓的疏离我想今后会变成一个很大的课题。在韩国、中国的情况，家族、氏族的联系……有非常重大意义的，所以要从那里分离出来简直是要命的工作啊。”

而河合提到一位韩国的荣格分析师说起韩国人的西化太急速，大家变得非常利己主义；相对于日本的西化，这种个人主义太严重了，太不考虑整体利益。河合表示，韩国这情形其实

“不是（西方的）个人主义，而是对家庭拥有认同意识，也就是所谓的家庭自我（family ego）吧”。“日本人跟韩国的家庭自我又有不同，是属于一种场所认同（field identity），把不同的场所当作一种身份定位的基础”，而公司和家庭都是其中的场所（参考《村上春树去见河合隼雄》，河合隼雄、村上春树著，赖明珠译，时报出版）。

河合隼雄提出一个问题：作为西方产业革命和其后资本主义发达之基础的个人主义，是否也是非西方地区发展过程中的必然条件，甚至成为这些地区文明是否够格的决定指标？

不同于西方个人主义的亚洲

对西方文化中的个人主义，西方自己的讨论大致有两类主张：一种是所谓的“常规”（normal）研究模式，又称为传统研究模式，将个人主义看作西方文化的既有事物，这种研究以卢克思（Steven Lukes）、里斯曼（David Riesman）、迪蒙（Louis Dumont）等为主；一种则是“转换生成”研究模式，认为个人概念是意识形态的虚构，通常也以消除个人概念（通常是个人主义）为己任。其中又可以分为两阵营：马克思主义/后马克思主义取向的，如詹姆逊（Frederic Jameson）、阿杜塞尔（Louis Althusser）、伯玛斯（Jorgen Habermas），以及其他法兰克福学派等；后结构主义/后现代主义取向的，如拉冈

（Jacques Lacan）、福柯（Michel Foucault）、德希达（Jacques Derrida）等。

捷克布拉格查尔斯大学（Charles University）教授丹尼尔·沙拉汉（Daniel Shanahan）在批判中承续了转换生成研究模式，提出个人主义的谱系可以约略分成三个阶段：古代世界的“模拟自我”（the analog self），从非主体经验的沉浸中，进入开始出现可以根据体验来反思自身的主体意识；基督教出现后的时代，特别是奥古斯丁思想，人神沟通发生在内在的心理层面，自我从上帝处获得个体的精神性和判断是非的能力，也就是“外在授权的自我”（the authorized self）；宗教改革则质疑上帝的在场与否，所以个人需靠自己来承担真理判断的责任，使得个体的道德判断完全主观化，这也就是“内在授权的自我”（the empowered self）。在这种历史发展下，各式各样的个人主义于焉诞生，而最主要的是占有性的个人主义、主观个人主义和浪漫主义个人主义。而浪漫主义者认为个人是自我创生、自我发现、自我创造的来源；因为这样的基础，才有西方文明的出现，才有西方式的心理学和精神分析的出现。（参考《个人主义的谱系》，*Toward a Genealogy of Individualism*，沙拉汉著，储智勇译，吉林出版集团）。

弗洛伊德晚期的作品《文明及其不满》（*Civilization and Its Discontents*，1930）中，对个人和社会之间的冲突、个人本我狂暴的欲望和社会为了满足这些欲望而施加的限制之间的冲突，做了经典的论述。他在其他地方曾有过反个人主义的观点，但在这本书的论述中，正如他的大多数作品，弗洛伊德的立场是十分个人主义的。

然而在个人主义里，人们能否找到原真性（authenticity）呢？沙拉汉教授是迟疑的。他认为，如果意识的出现以及作为个人主义基础的每一事物都以交互性为源头，那么个人主义的许多前提，包括个人主观感知的优先性以及自我和社会之间的固有冲突等，就都成为问题了。

相对于个人主义，沙拉汉提出多元主义的相互主体性（pluralistic intersubjectivity），通过对西方资本主义、拉美天主教文化和亚洲（特别是中国）文化等不同文化传统之间的跨文化人类学研究，加以论证。

沙拉汉特别讨论华人人类学家许烺光的著作《彻底个人主义的省思》（*Rugged Individualism Reconsidered*，1983，许木柱译，南天书局出版），“他的研究致力于证明，在西方当代学术和大众思想当中起支配作用的个人主义的霸权是虚假的，因为这无法说明世界上大多数文化和民族的情况”。

河合隼雄和村上春树也好，捷克的哲学家沙拉汉也好，甚至更早以前的华人人类学家许烺光也好，都一再指出：西方以外的文明或地区，将会有一条不同于西方的社会变迁过程。

从这样的角度来看，我们社会的小富阶层（而非全部）选择了三代同堂来作为下一阶段的方向，也就没什么好惊讶的。

是孩子太晚熟，还是一个新阶段的诞生

在现在的时代，在青少年和完整的成年之间，应该再加上一个新阶段，也就是“成年涌现期”。

“台湾教育部门在高雄举办公私立大学教务主管联席会议，教育部门官员黄雯玲表示，大学有责任了解学生‘非学习因素’延毕的原因，例如常识课程不足、必修课被‘挡修’等，并提出进一步改善措施，设法协助学生顺利毕业；为督促各大学积极解决延毕生人数逐年攀升问题，大学降低延毕生成效将纳入明年大学绩效考评指标。”

台湾教育部门会有这样的宣布，是因为大学生延毕人数再创新高！该学年大学延毕生人数已高达 41845 人，比前一学年增加了 1503 人，已占毕业生比率 16.17 %，等于每六名毕业生就有一人延毕，许多大学为改善非合理延毕现象，纷纷提高收费。

根据台湾教育部门统计，近十年来大专院校学生延毕人数逐年上升，从 1998 学年度 36399 人、1999 学年度 38260 人、

2000 学年度 40342 人，到 2001 学年度增加到 41845 人，其中又以私立学校所占比例高于公立学校。

“中山大学”教务长刘孟奇表示，根据台湾教育部门曾做过的调查发现，因为成绩因素延毕的学生顶多只占一成，多数学生是因为想延后入伍准备研究所，或是对就业环境没有信心，希望延后进入职场而延毕，学校针对延毕生加收学杂费，恐无法有效解决延毕问题。

这是 2013 年 6 月报纸刊登的新闻。我想起夏鸿，一位许久不见的治疗者。不知道他是否也看到这则消息。

上学困难，上班更困难

夏鸿来到我的诊所时，已经是三十一岁了。三年前，他从硕士班休学后，一直都没去上班，甚至也不出门了。而硕士班，他读读停停，从大学毕业读了五年多还是没读完。

很早以前，夏鸿的爸妈就问过他一句话，而我在见面后也同样问了：“为什么不去工作呢，既然书读得不是那么起劲？”爸妈问他时，也许彼此都有情绪，也许是关系太密切也就容易紧张；总之，夏鸿不作答，最后是和爸爸扭打成一团。那一场扭打，虽然被受惊吓的妈妈给拉开，后来也没再发生，但夏鸿从此遇到爸爸就再也不讲话，见面也不打招呼，甚至愈来愈是昼伏夜出，也就不容易遇见。

因为这样，不知不觉就拖了两年。这两年来，妈妈屡次扮演苦口婆心的角色，好不容易才让夏鸿来到我的诊所。

刚坐下来的夏鸿，起初也不太作声，只是习惯性地观望。他不修边幅，一头乱发不整，胡楂儿也是杂乱分布在脸颊两侧，开始有点流浪汉的气息了。特别的是他的体味，浑身不断散发出来的味道，仿若窝在棉被里发霉许久了，但我必须提醒自己不要不自觉地屏住呼吸，免得我还没了解的他，万一个性太敏感，将误会我的屏气是对他的排斥或看不起。

我问他同样的问题，故意有点轻松像不经意地提起似的："怎不去上班呢，反正硕士班看起来也不是很好玩？"

他停顿了许久，才喃喃地说："比上学还困难吧！"

而像夏鸿这样，生命困在一个莫名状态里的年轻人，绝不是少数。佑诗的情形虽然完全不一样，根本的问题却是相同的。

佑诗是被家人半哄半骗才来到我的诊所的。

她爸妈先来找我，原来是担心自己的女儿会长久都不搬出去住。最后是妈妈施以苦肉计，说自己的忧郁症相当严重（也的确急出忧郁来了）需要佑诗的帮忙，才将她哄来我的诊所的。

佑诗已经二十九岁了。前一阵子还有一位男友，交往至少半年了。最先是半夜偷偷带回来，后来也就大大方方地打招呼，甚至还带回来一起吃饭。在饭桌上，这男生也酷酷的，不爱搭理别人。两个人吃完饭就关起门待在佑诗的房间。大部分是一起玩电动游戏，有时透过隔音永远嫌不足的房门，可以清清楚楚地听到两人在亲热而毫不忌讳的声音。

父母本就保守，自然有些按捺不住，只是想想佑诗近年和他们相处的状况，也就沉住气，当作没这回事。

这些年来，从她在美国修完硕士回台湾，似乎没好好做完过一份工作。她的资历是优越的（这点要感谢父母向来认真的安排），所以应聘工作是无往不利。只是每次她做个半年或七八个月，扣除掉出手大方买的名牌衣服包包，好不容易有了一些积蓄，她就辞职不干，跑去欧洲住上一两个月，或是到苏美岛潜水、学瑜伽。

总之，从没见她真的存上一分钱，更没掏钱贴补家用。父母认为既然劝阻不了她带男友回自己房间亲热，索性鼓励他们搬出去同居。佑诗却断然拒绝了，说她还不清楚是否真的要跟这男生在一起。

父母的价值观虽然保守，但对女儿的态度还算开明。即使是这样，他们对女儿的想法还是无法理解。特别是，当这个女儿还是这样赖在家里（佑诗的哥哥和妹妹都有固定工作，甚至结婚了），他们的退休计划不只是被打乱，甚至是永远不确定下去了。

介于成年与青少年之间的夹缝

这样的两个年轻人，夏鸿是有些诊断名称可以套上去的，而佑诗就难了。

在日本，20 世纪 80 年代开始出现“登校拒否”的行为，也就是拒学行为（school refusal behavior）。这些拒绝上学的青少年，既不是像小学新生偶尔可见的那种严重的分离焦虑（separation anxiety），因为离不开照顾他的妈妈而造成上学困难，也不是过去帮派少年逃学（truancy）的反社会倾向。经常，他们只是较严重的社交焦虑。他们可能是连踏进一般的新学校或新班级都有困难，也可能在学校发生一些紧张的人际问题产生负面思考，从此启动认知上的恶性循环，也就无法再回到学校了。

这现象从 20 世纪 80 年代开始在日本发生，一群退缩在家里的年轻人成为普遍的社会现象，严重一点的甚至成为足不出户的茧居族（hikikomori）；到了 20 世纪 90 年代，随着他们长大，日本专家学者发现，虽然不少人已经改善了，但很多人还是有融入社会的困难。

夏鸿的情形，大致是和这一切类似的。至于佑诗，严格说起来则是没啥正式诊断。但是，民间非正式诊断的形容，倒是有一些，像是两岸都很流行的“啃老族”或是日本社会学者山田昌弘提出的“单身寄生族”，或民间通行的飞特族（freeters，free+arbeiter），也就是自由工作者。后来又有好过族（hodo-hodo zoku）、腐女、御宅族、电车男、下流人（指在社会阶层面向下流动的人）等各有所指的名词。但大致都是指应该成熟却未独立的二十多岁或三十多岁的资深年轻人。

这样的情形，在世界各国其实都可以看到。特别是经济发达的国家或地区。在美国，媒体同样盛行着 twixter（betwixt/between 青少年和成年之间）和尼特族（NEETs，Not engaged in Education，Employment，or Training）；加拿大提出回旋棒时代（boomerang，源自澳洲土著的武器，现在是用来游戏）；在意大利有 bamboccioni（意指大型的傀儡孩）一词；在西班牙有 mileurista 一词，形容以一千欧元维生的青年人；在北非或中亚的阿拉伯世界，则出现隔离青春（youth exclusion）一词；在希腊最低薪资是七百欧元，媒体则出现“七百欧元之时代”（€ 700 generation），也就是希腊经济危机期间呼声最大，可是在投票前一夜却因熬夜狂欢庆祝希腊足球队踢胜俄罗斯，进入欧洲八强，第二天爬不起床去投票，而导致撙节派小胜的那一群年轻人。

如此的二十多岁到三十多岁的时代，似乎在许多发达国家或城市是一种普遍的现象。

在亚洲，日本是第一个出现这种情形的国家。但是现在，除了日本，韩国和中国也都很严重。进行拒学行为这方面的跨文化现象研究的日本家族治疗师兼精神科医师田村毅，来台湾地区参访和教学过好几次。田村毅医师曾告诉我，在大陆，在上海、广州、深圳、北京这些地方，拒学行为都十分严重。

这方面问题是如此严重，因此，美国社会学者亚奈特（Jeffrey Arnett）2000年在《美国心理学家》（*American Psychologist*）期刊提出“成年涌现期”（emerging adulthood）这一名词，认为在现代，在青少年和完整的成年之间，应该再加上一个新阶段，也就是“成年涌现期”。

在亚奈特提出此理论以前，这种现象已经被普遍注意到了。像之前提到的各国媒体所出现的新名词，其实就是不约而同地看到了这个已经无法不承认其存在的新趋势。只是亚奈特首先以正向的态度，为这个现象提出辩解，认为这是必然的结果。

人类发展史上的新现象

亚奈特认为，**处于成年前的涌现期的青年，是指那些“已经离开了儿童和青少年阶段的依赖”，却还没办法承受成年期应有的责任感的人，因而在爱情关系、工作和世界观上，发展出许多可能的样态。**

在这定义下，成年涌现期也就成为发展心理学中一个新的、有待商讨的阶段。

在一般的社会学教科书里，关于“成年”的定义里，有五个标准是最常被提到的：完成大专大学教育、空间上离开原生家庭、结婚、有小孩、经济上的独立。

麦克阿瑟基金会负责“过渡为成年人”计划的学者福斯坦堡（Frank F. Furstenberg）在 2010 年就表示：“有一个新的生命阶段涌现了，在这个阶段，年轻人不是青少年，但也不是成年人。”而亚奈特在 2010 年《成人涌现期和青少年》（*Adolescence and Emerging Adulthood*）一书中则提出这个阶段的五个特色：自我认同的探索、不稳定、只关心自我、感觉两边都不是和充满可能性。

亚奈特提出这些名词后，学界和媒体界的反应相当热烈。他似乎不只为这个现象去污名化，更是指出人类演化史上正在发生的现象。许多相关的书籍开始出现，甚至有研究这些问题的学会和研讨会相继举办。至于他自己，不只是因而成为许多本学术书的畅销作家，也通过网络积极进行相关的活动。

在人类发展史上，成年涌现期的出现，是可以从经济和历史的脉络来谈论的。在当今的产业化经济、高度竞争化社会或信息化社会里，年轻人需要更多的教育，才能胜任许多技术性或专业学术领域的工作。大学毕业后的继续训练成了必要，进入新阶段的年龄自然也就延缓了，也允许更多时间的自我探索。

美国人第一次婚姻的平均年龄一直在增加，从 20 世纪 70 年代的女性 21 岁、男性 23 岁，到 2009 年女性 26 岁、男性 28

岁。美国妈妈们 54% 受过大学教育，但同样地，40 多岁的女性中有 20% 没有小孩。不论是女人受大学教育，还是女人没有小孩，这在 20 世纪 50 年代的美国都被认为不可思议。

这样的情形同样发生在中国。

我们父母亲那一代不可思议的家庭计划

现在回头看台湾地区过去的家庭计划，更可以突显这一切的差异：过去的家庭和生涯计划，是如此不同于现在。

第一个提出来的家庭计划口号是 1967 年的“五三口号”，当时的生育计划是：“婚后三年才生育，间隔三年再生育，最多不超过三个小孩，三十三岁以前全生完。”如果三十三岁以前生完三个小孩，也就是女孩最晚在二十四岁以前就要结婚了。

我经常在演讲里提到这一口号，现场的听众几乎无不流露出不可思议的表情。毕竟，对现在的台湾人来说，女性三十三岁以前结婚就不算太晚了，根本很少生完三个小孩。

然而，对我父母而言，那一时代的军公教阶层，几乎都是依循此原则而生了三个小孩。如果是四个小孩，往往是不小心怀了第四个。在那个时代普遍认为结扎是对健康不好的，也就继续用保险套避孕。这时，冒出第四个小孩了，原先害怕结扎伤身的母亲们，才接受这种避孕法。至少，我们家便是这样。

对现在习惯晚婚的台湾人而言，实在很难想象他们的父母或祖父母是怎么结婚的。

2012 年，台湾人的平均结婚年龄，男性是 31.8 岁，女性则是 29.5 岁；但在 1989 年，男性是 28.8 岁，女性则是 25.6 岁。

如果再往回推，回到 17 世纪的西方或 19 世纪的台湾，我们更可以发现，在那个时代，连“青少年”这个阶段也不存在于人的发展中。

在过去的台湾社会，对青春期的说法是“转大人”，也就是有了青春期，人的发展就从小孩变为大人了。在这个过程中，并没有青少年的存在。

同样地，我们看西方历史也是如此。在莎士比亚的剧作《罗密欧与朱丽叶》里，罗密欧是十六岁，朱丽叶是十四岁；而朱丽叶的母亲当时是二十八岁，也就是母亲是十三岁怀孕，十四岁就生下朱丽叶的。然而，并没有人认为这是未成年婚姻，更没有人认为他们是青少年不可以有性关系。因为，在当时的西方，并没有青少年的观念，只有小孩和大人之分。也就是说，罗密欧与朱丽叶都是成年人。

不只是西方历史，其实整个人类的历史都是如此。

最初的历史，his-story，“他的故事（历史）”是指男人的历史，而且是男性成年人的历史。不要说青少年，连儿童都不存在。

法国著名的中世纪学者菲利浦・阿利斯（Philippe Ariès，1914—1984），在他的名著《儿童的世纪》中，便开宗明义地指出：“传统社会看不到儿童，更看不到青少年。儿童期缩减为儿童最脆弱的时期，即这些小孩尚不足以自我料理的时候。一旦在体力上勉强可以自立时，儿童就混入成年人的队伍，他们与成年人一样地工作，一样地生活。小孩一下子就成了低龄的成年人，而不存在青少年发展的阶段。”

儿童被视为“人”，是中世纪后期的现象。当时的西方才开始出现“家庭”这样的情感场域。而青少年更是工业社会以后才出现的。

所以，我们世界的历史，也就是有了文字以后的历史，众所周知，是出现在渔猎时代的母系社会被农业社会取代以后。在这历史中登场的，先是男人，然后是女人（婚姻制度出现了），然后是儿童（家庭观念出现了），然后才是青少年（国民教育出现了，学校出现了）。

如果青少年这观念都可以延迟到工业社会才出现，那么后工业社会再出现一个“成年涌现期”，又何尝不可呢？

转换一个观念、一个角度，或许就柳暗花明

我们应该如何面对这一个新时代呢？

新时代的变迁不只带来人类发展的新阶段，更让我们在这些新阶段中看到许多新的现象和新的行为。

将这一切新现象和新行为加以疾病化、异常化或医疗化，

不应是唯一的方法。甚至，用这样的负面态度来面对新事物，可能反而对涉及其中的个人和家庭产生恶性循环的效果，进而造成滚雪球效应，发展出不可收拾的后果。

虽然，不可否认地，其中的一些人也许真的是符合疾病的标准，譬如夏鸿的过度回避显然就有些严重了。然而，佑诗的行为或人生观，恐怕是因为这一新阶段的出现才涌现的新现象，说不定将是未来世界里生涯规划的新趋势之一。

然而，即使是夏鸿这样确实较严重的情形，也不可否认，如果我们固守着原本的价值观来看待这些新现象，虽然出发点是想帮助年轻人，最后其实反而变成像夏鸿这类年轻人的另一股压力来源，甚至还助纣为虐似的，推波助澜地恶化了他们的处境。如果夏鸿是活在十年后或二十年后的世界，这种情形更普遍，也更广为人知了，那么，他也许不只是不会那么痛苦，他的内向行为也可能因为这个世界对这种行为变得较容忍，他也就比较能接受自己。如果遭遇的阻力少了许多，不论是面对家里的情形还是外面世界，他本身都容易适应多了。

这是问题行为吗？还是提早出现的未来常态？

也许，临床工作者也好，甚至父母也好，我们都应转换一个角度，甚至换一个脑袋来看看这个崭新的世界。

是父母不成熟，还是这时代晚熟了

现在的父母不成熟，过去的父母恐怕也很不成熟。只不过，过去的父母有整个家族或邻里在督控和支持，甚至可以说，是整个家族或乡里一起带大这个小孩。

在前段时间的一次两岸会议中，我遇见一位厦门来的优秀同行。当时正值午餐时间，来自大江南北的心理治疗界同行，不免趁机热络寒暄。

这位陈姓教授说起那两天正在高考的女儿，一方面是担心，一方面也是安慰自己：“反正，平安就好。”他说，从小就告诉女儿生命的优先级：“最重要的是身体健康，其次是心情快乐，最后才是功课。”没想到去年将升高二时，女儿班上的导师找父母约谈。原来导师认为女儿没尽全力冲刺，没想到女儿老老实实将老爸平常挂在口头上的“生命顺序”，一五一十地告诉了导师。那位听了“最后才是功课”的道理而有些气恼的导师，其实也是认真，就立刻约了家长。只是，巧的是，待这位陈姓教授和太太一起到了学校，年轻的导师才认出原来这所谓“满口歪理”的家长，竟是自己当年师范大学时亲炙其门下的教授。

厦门的这位教授表示可以理解年轻老师的求胜心切，还有明星学校给老师们的压力，包括以升学率来叙薪等：“可是，看了那么多失去年轻人的可怜家庭，想想还真的是健康就好了。”

父母遭不确定的未来给绑架了

原来，虽然中国自 1980 年才开始全面施行一胎化，但 20 世纪 70 年代中期在某些城市就有选择性的鼓励和要求，迄今也有三十余年，也就将近是两代了。在 21 世纪初，20 世纪 80 年代的第一批独生子女已达适婚年龄，许多地区（特别是经济发达城市）虽然政策稍有调整，计划生育有一定放松，有条件地允许独生子女夫妻生二胎；只是，这毕竟是少数。

这些年来，父母都是一胎化时代长大的所谓独生子女夫妻，开始有小孩上高中，甚至大学。没想到，这六个大人（除了父母还有两对祖父母）宠爱有加的宝贝年轻人，竟然先撒手人寰：重病、车祸，特别是自杀。就生育年龄而言，父母这时可能已经是不容易受孕了，这位年轻宝贝的离去，也就意味着两个家族的绝后。我们将这样的家庭特别称作“失独家庭”，失去独生子女的家庭。如果有父母、祖父母、外祖父母，也就是每一个年轻人的死亡背后有六个无后的人。对传统观念而言，无后就是没有生命意义，因此，对大陆心理界来说，有六百万个难治疗的忧郁病人。

于是，白发人从此忧郁不起的有之，逼儿子离婚再娶年轻女性的有之，甚至祖父母自杀的亦有之。

同桌午餐的都是大陆各地的心理专家，有的甚至负责大学里的心理卫生，学生自杀防治的问题都有一箩筐说不完的难题。一位教授甚至严肃地说，这样丧失子女又不能生育的家庭，估算起来已经超过一百万个："这也就是说，有六百万个可能抑郁或自杀的高危险群。"

这也就是厦门的陈姓教授会说"最重要的是身体健康"的原因了。

同桌还有另一位台湾来的优秀同行。散席后，我们俩继续这话题。一方面是惊讶于大陆大城市的中产阶级如此强烈的传统家族观念，一方面也担心反而造成过度保护了。这同行倒也反应灵敏，说："还是担心我们台湾地区自己的小孩吧。哪个父母不是提心吊胆，担心小孩有意外，而不知不觉过度保护了？只不过，大陆现在经济正飞扬，遍地是机会；我们经济不容易再成长，父母对子女多一项竞争力的担心。如此而已。是五十步和一百步的差别。"

想想，两岸的父母都还真是被这不确定的未来给绑架了。

优秀的独立性格来自不尽职的父母

姿颜是因为清清楚楚的忧郁症才来到诊所的。

所谓“清清楚楚的忧郁症”，指的是完全符合《美国精神医学诊断及统计手册》第四版修正版（DSMIV-R）的诊断标准。如果依操作手册，这时应该给她包括抗忧郁药在内的几种相关症状的处方。

只是，这样够吗？甚至，非这样不行吗？

姿颜说起近一年多以来的情绪，愈来愈低落，往往半夜一个人在自家屋子就莫名掉泪了。这房子原本是夫妻两人配合彼此上班地点才挑选的，没想到不到一年，先生就高升到成都工作了。迈入四十五岁的姿颜，虽然上司很欣赏，计划要指定她当退休后的接班人，可是，她一点兴奋感都没有。

这十多年来，姿颜其实是在女强人的表象下，隐藏着一个传统的身影。她一直企盼有个孩子，也持续寻访所有的西医或民间医疗。尽管目前还继续努力着，却因为努力久了，愈来愈不抱希望，反而像是一种许久以来的反射动作，一成不变地填补生活的空洞。

整个人终于崩溃的那天，是因为父亲又打电话来需索一笔款项，说他前一阵子投资朋友的小生意被骗了，需要三十万元周转。姿颜知道这是父亲例行的谎言，但还是二话不说就汇给了他。

那一天，姿颜还是继续上班，眼泪一直留到回三峡一个人的家之后，才终于溃堤般狂泻而出。

我在台大门诊遇到姿颜时，是按号码依次序叫号的。轮到她时，她还是精干上班族的模样，正用手机利落地交办工作，我完全没法联想到忧郁症三个字。

她说起自己下班以后一个人的处境：虽然白天上班，她表面还是十分有效率，但她却很清楚自己是强行撑住，其实整个能量指数已经掉到最低点了。可是，她说能不能不吃西药？因为，她现在正用中药调理身体，想再试试能否怀孕。

我知道对这年纪的传统价值观女性，怀孕生子比任何事都重要。于是我规定她如何应用生活作息方式，包括运动等，先来帮助自己，也要求她进行固定的门诊密集会谈。因为这样，才能弄清楚姿颜成长的来龙去脉。

十二岁父母就离婚的姿颜，似乎一直处在工作状态。因为总是识人不清而永远投资失利的爸爸，是她从小就十分操心的对象；喜欢有空就小赌一把的妈妈，总是哭哭啼啼说没钱过日子，更是小时候最凄惨的记忆。在这两面夹攻下的她，从中学开始打工以来，经常赚来的钱不是立刻交给父亲就是母亲。一晃眼，三十年过去了，她还是在扮演这角色。

忧郁可能是独立盔甲崩溃的征兆

先生婚前就知道姿颜必须照顾父母。他不知道的是，她父母是从她十二岁，甚至更早以前就必须照顾的。

然而，金钱的照顾并没有表面上的单纯。

或者说，如果所有的照顾很清楚地只局限在金钱上，问题也就简单多了。

每一次父亲或母亲来电话，姿颜的内心就揪一下，她又一次确信，他们的日子都还是不好过。有时，甚至连父亲的女朋友或同居人也打电话来借钱，这让身为女儿的姿颜更是感受到父亲自己生活上的不堪。

这样的情感负担，这种莫名的担心和着急，早在中学打工可以帮他们以前，甚至在十二岁他们还没离婚只是吵吵闹闹的时候，就一直都是存在的。

我在门诊没办法很深入地谈。但是，如果可以分析取向一点，说不定姿颜从小就有莫名的自责，以为自己是父母婚姻不幸而导致日后各自不幸的主要因素。

我只是等待适当的时机，在姿颜哭泣的心情稍微喘息之际，轻轻地说："你还记得吗，从多久之前，你以为再过一阵子爸妈就会懂事照顾自己，丈夫会开始了解坚强表面下的你是脆弱而需要照顾的，甚至以为只要时间到了，自然就会怀孕有小孩？”我稍稍停顿：“然而，这么多年过去了，父母还是一样老是闯祸，丈夫还是以为你很坚强，而小孩这件事还是遥遥无期。你从少女等到现在，已经是中年妇女了，而所有的事都没有一点进展。如果我是你，我对人生早就开始困惑，不知所措了。”

有些时候，真正的崩溃是治疗忧郁的必要手段。

许多忧郁是缘自像姿颜这样，对某一套价值观的坚持几乎到了执迷不悟的地步。他们的价值观通常没浮上意识层面，也就是从没有好好地想过一遍，却是早早就有一套清楚的逻辑藏在潜意识深处。对姿颜来说，她的逻辑就是：“父母有一天会了解我的付出而夸赞我，丈夫终有一天一定会知道妻子需要呵护，而女人结婚一定就会有小孩。”

只是光阴过去了，却没有任何迹象证明事情会发生，一点一滴的幻灭感也就逐渐浮现。

真正的崩溃不只是情绪上的，更是原来价值观最终的瓦解，是一种失落，一种不可避免的哀悼。这同时，更可怕的是茫茫然的困惑：以后呢？

荣格探索这部分比任何心理学者都深切，他认为人们一直是持续成长的（即自性化，individuation），其间会有一次或多次的转化（transformation），也就是旧的价值观被迫抛弃，而新的或早或晚将突显。

只是，在这过程中，从原来的价值观开始动摇起，忧郁症状就会浮现。当旧价值观终于幻灭，也是忧郁最严重的时候。而且，这并不保证每一个人都会找到新的价值观。这一条路是走在生命的幽谷，是人间和冥界之间的凌波（limbo）地带。然而，问题是幽谷不一定有尽头，越在凌波地带上可能不小心就掉进冥界。

这情形，抗忧郁药也许可以保护人不会掉下去，但却对新出口的寻找，大多而言并无帮助。而且，这时生命力已经极脆弱，稍稍的药物副作用都可能抑制大脑仅存的活动力。如果真的是这样，人的状态就只是被药物凝滞在时间不动的状态，没有危险，却也没有所谓的治疗。

和父母之间建立界线的必要

我不知道姿颜的未来会如何，深度的心理治疗会带来多大的改变。这影响将不只对她，也包括对她的生命中所有的亲密关系。

但我确切知道的是：如果这治疗可以在她和父母之间建立起一条适当的界线（boundary）、一种距离，让她在面对父母时能够维持某种程度的拒绝，那就可以让她不再像以往一样，只因为他们是父母就要求自己扛起一切，甚至让自己再度受伤。我也没法改变她的父母，没法改变她自童年以来遭受的伤害，但若至少教她保护好自己，这条漫漫心理治疗之路也算是成功了。

张老师文化公司曾经出版过一本书《父母会伤人》，原书名就叫 *Toxic Parents*，有毒的父母。有些父母，其实是有毒的，而且，还真毒。

我真敬佩姿颜，居然可以承受这种爱的伤害那么久。

我也困惑，如果是在她的青少年时期就遇见她了，又能怎么办？那时的她没有忧郁等症状，甚至是早熟懂事，比同学都更自律认真。我除了和一般的师长一样地夸赞这一切——其实是在戕害她自己的“美德”之外，究竟还能做什么？我是能告诉她：“你不必这么成熟，你父母才是该成熟一点的人！”只是，这些话语，能起任何作用吗？

对于不成熟的父母，我们又能如何呢？

苏珊·弗渥德博士（Susan Forward，PhD）是《父母会伤人》的作者。这本书在 2002 年出版，一出版立刻跃登《纽约时报》排行榜二十来周。除了这一本，她的著作单单已译成中文的就包括《情绪勒索》（*Emotional Blackmail*，1998，智库出版）、《男人都会犯的错》（*When Your Lover Is a Liar*，1999，经典传讯出版）等。这一连串的书，都在畅销榜上有名，尽管每本书各有不同的讨论主题，但都是关于各种亲密关系的黑暗面。

20 世纪末，像苏珊·弗渥德这类的作品，忽然开始在美国畅销起来。有些社会批判理论的学者谈起这种现象，大多以美国家庭神话的瓦解来讨论。有些更犀利的评论，甚至质疑：真的有心理学（包括精神分析和心理治疗在内）所假设的那种理想父母真的存在吗？如果没有，为何心理学假设他们是存在的，而且是普遍存在的，而不够好的父母只是少数？

也许父母，就像人类其他的社会角色一样，在真实的世界中都是以自我为中心的心态存在着。人类所歌颂的母爱或父爱，都只是局限在孩子语言能力有限、认知能力有限的阶段。

而成熟的、负责的父母，原本就是罕见的存在。偶尔的片刻出现一下，便足以支撑家庭和父母相关的神话。就像在华人文化里，“孝顺”就是以父母形象为前提，而建立起这一整套的神话。

男性的英雄之旅

周末参加一个在大学校园里举行的心理治疗工作坊，主题是关于荣格学派的男性原则。

那一天的太阳好极了，校园里新绿的草地在阳光的照耀下显得更青翠。正如室内正热烈举办的讲座，精彩的程度一如这晚冬的阳光。

站在讲台上的是美国旧金山来的荣格学派心理学家莱莎·若微茨（Liza Ravitz），她正讲述男性的成长历程，从男孩、战士/英雄、父亲，到智慧老人。这是她这一年来的系列工作坊，是继续前两次关于女性发展的主题之后的延伸。

“然而，并不是每个人都继续往前迈进。有些时候，即使是已经有小孩，身为父亲了，他们可能还会嫉妒自己儿子日益健美的青春，嫉妒儿子被母亲（他的妻子）如此深切地疼爱。同样地，做母亲的，也可能因为她的先生/孩子的父亲，对成长中日益美丽的女儿的夸赞，而感到吃味。”

一个男人进入父亲阶段，意味着他开始调整过去与男性同侪间的竞争关系，渐渐减少比重，转而进入一个新的阶段，对外愿意呈现更多赞赏、照顾和分享，对内在也开始接受自己下滑的生理状态。同样是在篮球场上，他们不再是炫耀自己在同侪中的驰骋，而是教导自己的小孩基本动作，与青少年儿子斗牛却承认自己宝刀已老，甚至坐在一旁做他们最好的啦啦队而非教练。

然而这往往只是一种理想，现实的生活里，这样的爸爸极其罕见。

上课时，我听着荣格学派关于男性的理论，想起这周才回诊的一位男性个案。

士敏是多年以前的个案，当初是父亲心肌梗死忽然过世，自己陷入莫名的情绪，而来寻求咨询的。

一开始我以为是失亲的伤恸，甚至治疗当时也仍然以悲伤为主要架构，只是因着他的悲伤中有着罕见的巨大罪恶感而稍稍修正。

士敏怀着罪恶感和悲恸来到治疗室。从高中以来，父亲就不断逼他继承家业从商，不惜嘲笑他所热爱的文艺创作，甚至还在学校的展览现场当面羞辱士敏当时最崇拜的美术老师。

而这冲突一直陆续不断，反而让士敏更加执意走上这一条路，包括后来读工业设计系、从事广告工作、经营个人工作室。许多年过去了，每次家庭聚会，父亲还是不假辞色地嘲笑他的工作，说他赚没三两银子，说自己当年的收入已经是士敏的十来倍了。甚至还对士敏的女朋友讽刺说："这样的男人，你怎么敢嫁他？小心饿死。"

我们的会谈持续了半年，士敏才好不容易稍微摆脱了罪恶感的沉重负担。当时，会谈的重心多是放在士敏的叛逆，这些年来许多忤逆的话语等。我们在会谈过程中，包括用空椅子等技巧，让士敏来不及表达的自责和后悔得以纾解。

与自己儿子争宠的父亲

这次见面离上次已经将近四年。士敏结了婚，也有了一个小孩。

这次问题是出现在他搬出去以后，母亲不断地干扰，每次遇到亲戚就不断控诉士敏的不孝。士敏说，当初是妈妈抱怨住在一起要帮忙带小孩、当老妈子，再加上有了小孩，房子的确太小了，也就在妈妈没反对的情形下搬了出去。没想到，他和妻子及小孩的生活愈来愈紧密，妈妈反而开始责备他是有阴谋地骗她而搬出去的。

在会谈室里，长大后的士敏比以前稳重多了。他说，这次想来，倒不是计划再一次长期的心理治疗，而是一次性地咨询。他对母亲的行为看得愈来愈清楚，却不知如何去解释。

这些年来，随着妈妈的四处控诉，许多长辈愈来愈受不了，忍不住跟士敏说起许多陈年往事。原来，自己的父亲一直到死前都还在抱怨祖父母因为没钱供他上学而误了他一生；年轻就上台北的父亲，在工作场合认识了母亲，但带回南部老家却遭祖父母反对；父亲原本想分手，但母亲却以自杀相逼；母亲后来以这原因，拒绝接年老后的祖父母北上同住，祖父母只好一直在两个叔叔家轮流住等。

士敏说起自己的童年，在小学以前都是在嘉义乡下度过的。他从一出生，就被父母带回南部给祖父母带。祖母很疼他，甚至说他是自己的小儿子。然而，祖父母搬到台北后，每次他要去叔叔家找他们，都惹来父母一番怒骂。

他说，那一天，他听着叔叔又提到一些陈年往事，忽然才想到：父亲从小就很气他，是不是因为父母恨祖父母，于是牵连到他身上？

我想起以前跟他会谈时，他也提过父亲和叔叔们不和，一点都不像大哥的样子，经常幼稚地问祖父母自己是不是比两个叔叔还让他们有面子。于是，我不禁问他："有没有这种可能：你父亲一直都在计较他没得到父母的爱。他和你的两个叔叔争宠，甚至也和你这个祖父母最疼爱的老幺争宠。这种争宠是潜至无意识层次的，于是对你从小所作所为的一切都要加以贬抑，他才觉得自己比你棒，比你更值得他父母的爱？"

我继续说："而你妈妈，他的太太，两人一样都是从没有真正长大。总是在跟所有人计较和竞争，甚至连自己的子女也是如此。在潜意识里，她无法忍受你们的生活不是以她为重心，她不再是大家注意的焦点，所以，才不断地批评，不断地对你们夫妻做这种情感的需索？"

自恋父母视子女为自己的延伸

20 世纪 90 年代，美国和英国分别有人提出自恋父母（narcissistic parents）一词。利瓦伊（Stephen E. Levis）表示："自恋父母是以极其亲近、近乎占有的方式来对待小孩，因此对小孩的逐渐独立特别吃味。……面临子女的独立，自恋父母将有失落感；孩子过去是他们尊严的重要来源。"而史丹福（David Stafford）则称这现象为自恋依附（narcissistic attachment）："子女的存在永远是为了父母的利益。"

美国心理学家拉普波特（Alan Rappoport）指出："自恋父母对小孩行为的要求，是基于他们视子女为自己的延伸；因为他们需要子女来代表自己，于是要求子女依他们的方法生活，唯有这样才可以符合父母情感上的需要。”自恋父母于是常常说：要“将火炬传下去”“维护家庭的形象”“让爸妈骄傲”，也常指责小孩“表现太弱”“太夸张”，没达到应有的水平，等等。

小孩常被要求扮演他们的角色，甚至每逢外人来就不自觉地表演他们的专长，来让父母有面子。反之，在孩子的童年记忆里，很少有被父母单纯地疼爱或真诚赞赏的记忆；所有爱和赞赏的记忆，就是和自己符合父母的要求有关。

这是一般的状况。

然而，像士敏这样是更严重的。他的父母无法将他视为自己的延伸，是因为他已经是祖父母的延伸了。因此，他反而被父母视为竞争对手。

像士敏这样的例子，在临床上经常可见。

有时，几个同样做心理治疗工作的朋友一聊起来，会谈到各自在临床上遇到的相似现象，不禁会问：难道现在的父母愈来愈自恋，或者说，愈来愈不成熟？

用莱莎上课所讲的荣格理论，父母虽然已成为父母，但心智上还是孩子或战士，还想要获得注意力，想要更多的竞争和胜利，而子女变成了这些需要的工具罢了。

昔日社会关系有助于家庭的资源已消失

现在的父母是否愈来愈不成熟，是一个不容易回答的问题。临床遇到的个案毕竟是少数，不能代表大多数，这是一个原因。另一个要考虑的是，现在父母不像过去有十足的支持，现在父母是单兵作战。

在过去的时代，虽然体罚子女是常态，是十分普遍的行为，但几乎没听过有像现在将子女活活打死的新闻，因为过去的父母固然认为教训自己的小孩是合理的，但在过去的社会关系里自然会产生足够的监控效果，监控着包括父母在内的每一个人，让父母的行为受到约束，而不至于失控。然而现在，虽然有法律保护小孩，也较少体罚小孩了，但是小孩被极端地体罚，甚至被失控的父母给活活打死的事件，几乎是有增无减。

同样地，社会关系网络也是最主要的日常生活知识宝库，是现在任何一个人再怎么认真吸取知识都比不过的。过去的父母有任何做不对的地方或不懂的地方，自然有家族或邻里的长辈或同辈出面纠正，主动教导。在过去社会，亲职工作（parenthood）原本是随时可学习、可获得、可被支持的，根本不需要任何亲子教育专家。

现在父母也许不是比以前的父母不成熟，而是失去了这个支持网络。

父母原本就是在不成熟中学习，是先有了小孩才慢慢学做父母的。现在的父母不成熟，过去的父母恐怕也很不成熟。只不过，过去的父母有整个家族或邻里在督控和支持，甚至可以说，是整个家族或邻里一起带大这个小孩。希拉里还是美国总统夫人时，她就引用了一句印第安人的俗谚：“每个小孩都是整个村子一起带大的。”

关于这一点，我自己从小在乡下长大的经验就是如此。

当年我家住在南投县竹山镇，一个典型的传统小区。有时父母要去邻镇吃喜酒，也许是斗六，也许是草屯，三四十公里的距离，骑摩托车一趟要一个多小时。因此，每逢这情形，妈妈在我上学时，就会给我十元钱，交代是买晚餐用的。

在我的童年，每天的零用钱是五毛钱。这在同学之间虽然不是顶好，但也算是不错的了。自然地，十元钱就像一大笔财富。于是放学时，我也许先去菜市场吃一碗两元的蚵仔面线，也许去抽尪仔标，也许再去庙口吃肉圆加豆腐汤，直到十块钱花完才依依不舍地回家。而小镇安静得快，我四点下课，十点多回到家算是很晚了。

我自以为神不知鬼不觉，没想到没两天就挨妈妈竹条的鞭打了。原来隔壁邻居纯粹聊天不经意问起：“那天你儿子很晚才回来，是不是开始补习准备初中考试了？”

在过去，邻居经常会彼此谈天，自然也就形成一道保护网。

过去的父母当父母很容易，不必每天盯着小孩，自然就有几十个同一小区的人帮你盯着。同样地，过去当父母很容易，不需要学任何的亲职教育，因为几十个邻居都是你的智库，也是你的支持系统。这样的隐形网络，有一阵子是很受批判的。因为这样的结构，一方面固然有上述的功能，另一方面却是约束，孩子不可以有太多与众不同的个人风格。这也就是法国哲学家福柯所指出的社会控制。

只是，我们谈这个社会控制谈太多了，却忽略了它扮演的功能。

亲职教育是传统社会关系没落后的产物

等到了这种传统小区随着经济的发达而不见了，大家的生活越来越富裕却也越来越辛苦，但还是没想起曾经存在却被忽略的许多美好。

过去的社会，父母从来都不曾像现在的父母这般焦虑，因为集体的智慧和集体的资源才是真正的父母。我们姑且称之为集体的父母。或者说，过去的父母可能也很不成熟，但是他们的父母功能是通过集体协助来实现的，所以也就不必真正成熟。

现在的父母，除了要为子女准备好足够的物质生活环境和情感生活环境，还要对小孩成长相关的知识有足够的了解，对自己的执行能力（包括对自己情绪的掌握）有一定的要求。这样的条件，即使在西方，也都是20世纪以后才出现的情况。

父母亲职（parenting）的观念，虽然可以追溯回1800年，包括母亲为母职而聚会的记录，也包括美国在1832年创刊的《妈妈杂志》（*Mothers' Magazine*）；但亲职在西方真正成为全民运动，是“二战”以后的事了。

当时，“二战”破坏了传统的家族和小区。即使是像英国这样的战胜国家，战争时在德军飞机的轰炸下，儿童被集体迁徙到乡下形成新的寄宿学校生活，而父母或祖父母的死亡也是十分平常的事；自然地，原来的集体父母也就不见了。再加上战后资本主义迅速发达，人口更是普遍涌向都会城市，父母也就成为单兵作战的状态了。

因为父母是有史以来第一次单兵作战，第一次几乎是毫无支援，亲职教育于是兴起。在美国，出现了史波克医师（Benjamin Spock，1903—1998），这位小儿科医师的著作《婴儿及儿童的照顾》（1946）成为有史以来销量仅次于《圣经》的畅销书，甚至前两年他过世后又出现了第九版，还是依然畅销。同样地，在英国，也有小儿科医师兼精神分析师温尼考特（Donald W. Winnicott，1896—1971），他在英国国家广播电台长年和父母谈育儿经，收录成数本书，现在成为儿童心理学专业人员的必读书。

亲职教育的崛起，反映出现代父母的焦虑。

过去从没普遍存在过成熟的父母；过去只有在集体父母协

助下的父母亲，也就看不出是否够成熟。可是现在的父母可能是人类史上第一批独自面对亲职工作的父母，甚至还有很多单亲爸爸、单亲妈妈，也就出现普遍的焦虑。

过去的人，要发展自我是很困难的，因为集体的帮助也带来集体的监控；现在的人，要发展自我也是很困难的，因为很多学习的资源都看不见了，也找不着了。

在现在这个社会，小孩有可能在人生的尽头可以修成智慧老人吗？

中午工作暂告一段落，我走过大学的阳光草坪，小孩子们在父母的陪伴下兴奋地奔跑玩耍，不禁令人好奇：这一草坪的可爱小孩，有哪几个长大以后可以成为成熟的成年人？

辑二

我的未来只是梦

年轻人需要更多的信任，不是只有担心

对年轻人未来的焦虑，其实是成年人们将自己对当下处境的焦虑，投射在他们身上。成年人固然关心年轻人的未来，但是，他们可能没意识到自己其实是更担心自己的处境。

关于青年的未来，人们最关心的就是年轻人是否有希望，是否能成功。

因为大家对这问题是如此关切，各种相关的话题也就成了新闻焦点。该不该去大陆工作是争议所在，教育制度会不会拉低年轻人的抗压能力令人担心，连出现一名先进警察是“妈宝”也成为话题。当然，最热闹的争议，莫过于王品集团董事长戴胜益“跟父母要钱，千万别储蓄”的谈话，和更早以前《今周刊》出现的封面故事：《清华大学毕业生为何沦为澳洲苦劳？》。

今日年轻人前途茫茫?

2013年的中兴大学毕业典礼上，受邀致辞的王品集团董事长戴胜益以幽默口吻勉励大学毕业生，月收入低于五万台币，“千万别储蓄”，应拿来拓展人际关系累积资源。这番话立刻引起一片挞伐。大家都是集中在“跟父母要钱”这句话上面，几乎没人注意到他的讲题：出社会后避免受伤害的五个法则，更不用说这五个法则是什么。

戴胜益先生这五个原则的看法，其实对将要踏入社会的年轻人是十分受用的。然而，其他的成人们，特别是那些以父母角色自居的发言者，更是如此。这究竟是怎么回事，为什么戴先生对年轻人用心良苦的谈话，却引来一片批判?

关于这一点，也许要还原戴先生当天的谈话。

戴先生的演讲是有备而来的。他不只维持向来的幽默风格，还带着锅铲、筷子和一叠千元大钞等道具，是相当认真准备的。

“你自己认真，别人就会当真。”戴胜益一开始就举自己穿着西装且三天前先理发准备为例，勉励中兴大学应届毕业同学，凡事要认真以对，唯有自己认真，才会得到认真的回报。他表示，中兴大学为了邀自己演讲，“三个月前开始联系，且每两天确认一次”，使自己深受感动且觉得“责任很重”，所以自己三天前特地理了头发、整理仪容，还特别穿西装前来演讲。

戴胜益强调："人家这么认真，我当然要更认真。"

道具中22张新台币千元钞票，是戴先生用来形容职场新鲜人刚出社会收入只有22k至28k不等。他要同学"千万别储蓄"。他说，所有理财专家都在劝年轻人出社会后就应储蓄，但这是错误观念。许多在台北工作的年轻人，领微薄薪水，要租房、吃饭又要储蓄，于是不敢参加社交活动，久而久之，把自己的人缘缩到只剩桌子及计算机，而变成宅男宅女。所以他说，为了避免成为宅男宅女，在月收入达到新台币五万元前，都不要储蓄。他鼓励年轻人把所赚来的钱，拿来拓展人际关系，累积资源。

自己穿了一身平价品牌西装的戴胜益也说，不是穿名牌才叫成功，不要把穿戴名牌当成人生目标，这反而会阻碍未来的成功，他的意思是把辛苦赚的钱，用在有意义的地方。

至于锅铲，戴胜益说，小时候自己性子急，看妈妈煎鱼，觉得老妈煎鱼时火又小、速度又慢，所以有回他抢过铲子用大火煎，结果鱼不只焦了，头尾也分得老远。戴胜益借着小时候看妈妈煎鱼的经验告诉同学：出了社会要懂得"忍耐与等待"，要懂得水到渠成的道理，"小火煎鱼，正面两分钟，反面两分钟，加起来不过四分钟也就煎完了"。他告诉同学，全世界没有用"快"就能达成目的的例子，例如人一辈子换五次以上的工作，易失去别人的尊敬，因为这代表这个人耐心不够，他鼓励学生必须培养耐心，等待才有机会。

此外，“生产器具减半，制造时间要加倍”是一般认知。戴胜益却举起一双筷子问同学：“假设用两根筷子夹一百颗花生要十分钟，那用一根筷子夹要几分钟？”他用筷子强调合作的重要性：出社会后千万要记住“人缘第一”才能发挥专业。就算很有能力，但是人缘很差，别人不跟你配合，“你就死了”，所以千万不要恃才傲物。演戏可以彩排、人生不能重来，期勉毕业生要把握当下。戴胜益用此例提醒同学，出了社会“人和重于一切”，要让别人愿意跟自己合作才会成功，“否则就算是黄金做的筷子，只有一根也啥都做不成”。

对未来的集体焦虑

最受议论的部分，是戴胜益提出“父母对子女的投资栽培，起码要持续到孩子出社会三年以后”的主张。他表示，很多父母在子女出社会领到第一份薪水后，就任由孩子自己闯荡并要小孩“不要乱花钱”，但他认为，这样只会限缩孩子参与社会的机会，最后就愈来愈宅了。

这话题引起广大的争议。许多人以父母自居，断章取义地认为戴胜益是鼓励孩子依赖。倒是台积电董事长张忠谋的回答比较中立，他在股东大会后接受媒体访问时表示，同意戴胜益的看法。张忠谋说，如果月薪不到五万元，要存钱也存不了多少，可以投资自己，只是投资自己的方法有很多，有教育性的旅游，有的则是交际。

说法受到扭曲的戴胜益先生，在媒体压力下，过两天澄清说：他的本意是要把钱花在拓展视野跟人脉上，不是要年轻人向父母拿钱当“啃老族”。

这舆论的攻击可能太厉害了，戴胜益先生于是画蛇添足地新增附加条件，认为靠家里的时间应只限“毕业后的前三年”，如果三年后还赚不到五万，就该自己负责。而且表示他这套“人脉论”有附加条件，“前三年都应该要有这样充裕的空间和金钱，能够让自己走得出去（交朋友）”，若三年后还没有达到月薪五万的水平，那就是“自己的能力有问题”。

一场演讲，引来各方人马注意，每个人自说自话，对原先的演讲内容却是完全忽略而远远离题了。

每一个人对青年未来的处境都关心，每一个人的看法莫衷一是，反而更反映出大家的共同焦虑：下一代的年轻人该如何面对越来越艰巨的未来？

同样地，对年轻人未来的焦虑，其实是成年人们将自己对当下处境的焦虑，投射在他们身上。也难怪成年人听到戴胜益要年轻人多依靠父母两三年，几乎就立即抓狂了。成年人固然关心年轻人的未来，但是，他们可能没意识到自己其实是更担心自己的处境。

这是每个人都会出现的盲点：不管对问题是多么关心，但只要其中涉及自己的利益，很多观点就走样了，甚至还出现自我矛盾的情形而不自知。

另一个关于台湾年轻人的热门话题，莫过于打工旅游是否其实是高学历低成就的变相廉价劳工？

许多人和我一样，先是看见电视新闻转述杂志报道，然后在网络上看到愈来愈多的争议。我索性找来最初的报道，仔细看看。这是2012年9月17日第821期的《今周刊》出现的封面故事:《清华大学毕业生为何沦为澳洲苦劳？》，一位清华大学经济系的毕业生，工作两年后，“为了赚第一桶金”，而到澳洲打工，在屠宰场每天工作九个半小时。“今天我来这里，不是为了体验人生，也不是交朋友、培养世界观。我的目的很实际、很俗气，就是要赚钱。”但报道没说明消息来源。

《今周刊》做这一专题的目的，原本是要探讨今天台湾年轻人的未来。它后来的分析更清楚指向经济现况，教人们不容易感觉到希望，对现在刚踏入社会的年轻人来说，更是看不到未来，因此，在封面也有一小小标题:《如何抢救无望世代？》，用意应该是让年轻人很窝心的，现今却反而激起无比的愤怒。

在网络的纷纷议论后，一阵人肉搜寻，据说是找到了当事人，他表示自己的话被记者断章取义。

是否断章取义，也许不是那么重要。年轻人的未来是艰难的，至少是比以前没希望的，这个现象应该重视；而同样地，

《今周刊》也应该想想的是：为什么它的善意，反而踩到了今日年轻人的地雷？

流浪到澳洲做苦劳？

L 是我们到日本北海道小樽自助旅行时遇到的台湾女孩。

那一趟旅程，除了她，我们还遇到一位住在新北市的女孩 M。

那天我开着租来的车，慢慢习惯日本靠左驾驶的规定。我们先到日本威士忌发源地余市参观一番，再继续西行，前往积丹半岛的积丹岬。8 月底了，原本是来避暑的，没想到那两天北海道的温度也破当地纪录，高达三十四摄氏度。在积丹入舸町的岛武意海岸，已经燥热许久了，我们先步行一段，终于穿过黝黑的隧道，立刻迎来地底层传来的一股凉意，原来汗流浃背的身体一阵凉快，真不想再往前走。没想到，一穿出隧道，却是从半山腰眺望无比美丽海岸的难得景色。

我们是在这里遇到女孩 M 的。当时，她正喘着气从海滩爬上山的洞口。他乡遇同乡，不免简单聊两句。她说我们该下山到海滩的，我们三个平均已超过半百，立刻“却之不恭”。没想到，开车要下山时，又遇到先行走路下山要去搭巴士的她，立刻邀她搭一小段便车。在短短共乘的那段时间，更可以感受到 M 年轻的快乐。

M才大学二年级，是这暑假到附近的农场打工度假的。这天是周末，按例是她常态的休息。我们邀M一起继续去威武岬，她说她才从那里回来，现在要去找农场主人介绍的“最好吃的冰淇淋”。当时，《今周刊》的专题还没出来，没想到问她的遭遇。不过，看她快乐的模样，打扮得一副台北时尚少女的春日郊游模样，好像没有当苦劳的疲惫，更没有赚第一桶金的压力。

而另一位女子L，则是在我们落脚两晚的那间旅馆遇到的。她是休学半年，经由某个国际组织安排，来这里实习。

我们入住的是一家才十九个房间的现代日式旅馆，精致又奢华。如果没记错，旅游达人梁旅珠和叶怡兰都介绍过。只是，据L的说法，台湾来的旅客并不多，反而中国香港、新加坡、中国大陆来的多一点。

第一个晚上，旅馆特意安排她来招待我们，因此有机会好好聊了许久。在这里的名义虽然是实习，但不是观光旅游本科系的L，纯粹只是抱着增广见闻的心情来到这里的。从小在台北市敦化南路长大的L，虽然在这个幽静但偏僻的温泉乡，不得不开始人生的第一次下厨——只会水煮青菜和将米粒煮成粥，但她对这次的选择显然是十分满意。《今周刊》刊出这专题以后，隔了一个多礼拜，也许是通过网络，还留在北海道的她也看到了。

她的反应，是十分愤怒的。至少，我从她传来的信感觉到她的强烈不悦！

“目前台湾的打工度假非常盛行，并不是每个人都是屠夫，也不一定每个人都可以梦想成真，在北海道实习的这段时间，我的美梦或许没有成真，但是却一点一点地长大了！在这边仅仅三个月，我遇到的贵人比我活着二十二年遇到的还多，接待过中国某市副市长、新加坡某局局主席、无数个社长、无数个医生、无数个贵人。

“我的工作内容没有什么了不起的，我用中文、英文服务各国客人得到赞赏，甚至我用破烂的日文却提供了比日本人更好的服务。台湾作家给了我很多资源及人脉；新加坡局主席愿意帮我介绍去新加坡知名餐厅工作；日本知名集团 CEO 询问我愿不愿意去工作；甚至有日本社长问我什么时候想结婚，他还有个小儿子。

“从一开始最基础的服务，到中期负责饭店的营销项目，接洽了台湾的作家、博客，自己上网联络 Boutique Hotel 精品旅馆网站。谢谢饭店的主管从没把我当作研修生，我也不对自己的能力设限。我联络知名旅行社、网站、作家、博客，十封信回不到一封，我就好好地跟那么一封回信继续打关系；老板、主管对营销案一开始可有可无的态度消极，我就用自己的时间去做，做出来给他们看，让他们肯拨一些上班的时间让我去实习，到最后我每天有四个小时的时间可以执行计划。

“这一切的一切都会变成我的故事，以及我想要分享的东西。”

追寻美梦的路上更需要你我的信任

L 的愤怒，是因为她真的很认真也很杰出，也是有计划地安排自己的打工度假，而果真收获丰盛。

在那旅馆里，我们也遇到另一位实习生，迦纳来的。他在旅馆的酒吧做 bartender。用晚餐前，我们待在那里跟他聊了一下。也许是难得有人和他用英文聊天吧，他畅快地跟我们谈，几乎啥都说了，包括对这里的抱怨。我们却讶异他来了如此久了，却一句日语也不会。

也许，《今周刊》报道的那位清华大学经济系毕业生是真有其人；只是，就像我们当时遇到的迦纳男子，如果他只是想赚钱，将北海道的旅馆或澳洲的屠宰场，视为只能帮他“赚第一桶金”这个目的时，自然地，他的收获也就被局限在赚钱，工作也就成为苦劳。而且，如果在这种情况下，将澳洲的工作处境视为理所当然，自然地，他的收获也就更被局限，不会想去改变，也不会好好去认识周边的其他地方来的人。因此不会出现其他的可能性，工作也就成为单纯的苦劳。他虽然去打工了，但他没有去“旅游”，没有任何的“离开”：离开自己的世界因而加以开放它，离开自己的价值观因而加以开放它。哪怕是遥远的南半球，一个人可以身体在这里，所有心情却仍在自己原先的轨道，仍像在台湾上班的某一日的感觉一样，自然就不会出现更多的可能性。当他搭机离开台湾时，眼睛已经只看见那一桶金；到了异地，他的视野也就容不下其他可能性了。

随着台湾经济的困窘，现在年轻人的前途，不像他们父执辈在 20 世纪 80 年代那般地充满希望，更不像更早的祖父辈在 20 世纪 60 年代随台湾经济起飞而迎风高扬；这一代的年轻人自然担心，而他们的父母，因为经历过好时代而更清楚这时代的不利，更是担心。

在这种情况下，两极的反应就出现了。

一种是占多数的年轻人的情形。他们的反应主要是担心，以及随之而来不自觉地倾向保守，想要自我保护。在这样的担心及其所产生的反应下，情形好一点的，为了紧紧抓住现在所拥有的一切而努力捍卫。不幸的是，有些人却害怕到什么都不敢做，也就不敢向前做任何尝试。这是王品集团董事长戴胜益想对话的对象，他想教他们一些诀窍，一方面让他们有多一点可依循的原则，像瞎子在黑暗中有了拐杖；另一方面让他们心理上也觉得拥有了锦囊妙计，多了些许安全感。

但，还有另一群反应完全不同的年轻人。他们永远相信有新的可能。因为要看到这些新希望，他们因此开始看得更远。他们看到更多过去的人不曾想象过的，也因此不容易为一般人所了解。然而，即便是看到远方的可能性，他们还是要承受坎坷不安的感觉。毕竟看到的只是遥远的影子，而非已经抓到手的具体感受。

这样的人，这些即将出发的人，原本是《今周刊》《抢救无望世代》专题最理想的报道对象之一，特别是他们内心承受两股压力的处境。

压力是来自他们环境四周的。他们看到了可能的出路，但包括父母在内的周边的人，却还看不到。自然地，也因为出于关心，周遭的亲友家人却不知不觉成了看得见或看不见的压力。

另一股压力则是来自自己的内心深处。任何人对不确定的和不知道的事，都有一股源自远古传递下来的深层恐惧。而对这情形，人们唯有以理性的分析和感性的自信，才可能继续走下去。

真正能体会打工旅游的好处的，就像其他在这个恶劣环境中找到希望的人，他们走在寻找美好未来的路途上，一方面充满了发现的喜悦，另一方面却要承受四处因为爱而怀疑他们方向的眼神。《今周刊》想要“抢救无望世代”，整个专题也果真充满同理心地指出这时代困难的处境，却只因为引用了一个错误的例子，对这些在压力中好不容易已经上路的人，扯了一个痛到揪心肝的后腿。这里犯的错，不只是引例错误而已，更是整体心态深处不自觉地“只有我懂”的不信任状态。而信任，比起批评，是心理成长境界更难的一个层次。

这也就是，像《今周刊》这样的专题，我们真的需要用如此长篇大论来好好探讨的原因。

问题不是《今周刊》，问题是这样的心态。

缺乏信任他人的能力，一味以为只有自己是清醒的，这样的心态，往往令人自以为是正义的一方，是关爱的一方，却不知他们的不信任感对别人其实造成相当深的伤害。

而《今周刊》这样一本专业的杂志会如此，像我们这样的平凡人，年轻人周遭的人们，是父母也好，是师长也好，甚至同辈的朋友，更是要提醒自己：会不会自己以为的关爱，其实不知不觉中带着不信任的成见，反而伤害了对方？

上一代的好，成为这一代不可承受之轻

上一代父母的事业成就，成为这一代年轻人的负担，让他们在面对未来时绑手绑脚。同样地，上一代父母普遍不够成熟，是否也是这一代的束缚？

在 2012 年 12 月的一场科技会议里，半导体业界大佬张忠谋先生表示：“我不知道现在的年轻人为什么很多是愤世嫉俗的人？如果大部分年轻人都缺乏理想和抱负，对未来也没有期待，就是很大的问题！”

现在的年轻人为什么愤世嫉俗，甚至是否愤世嫉俗，是值

得商榷，恐怕需要好好研究、谈论和分析。但就直觉而言，现在年轻人平均来说，在理想和抱负的层次上恐怕确实有逐渐下降的趋势。

时代之间动态性的影响

在我自己的经验里，我的观察是与张先生的看法相符的。但不一样的是，我觉得即便在这种情况下，有一部分的年轻人还是比过去的人——他们的老师或父母那一辈，或再更上一辈——有更崇高、更有远见的抱负和理想，虽然更多的年轻人是更没抱负和理想的。

如果用统计学的方法来看，理想和抱负的常模也许真是下降了，但标准偏差却拉大许多。也因为如此，过去和现在之间的差异是否达到有意义的显著层次，是有待商榷的。

如果是这样，我们不得不问：为什么大部分年轻人较没抱负或理想了？要回答这问题，其中的思考是极其复杂的，涉及了太多相互交织的因素。其中，代与代之间动态性的影响，是一个影响深远的新现象，值得我们好好思考。

这现象很普遍地发生在大多数的年轻人身上，自己却不一定能察觉。我想到一个个案张海，一个聪颖慧黠的年轻人。

我们第一次见面时，张海有点不习惯这样坐在治疗室的沙发椅上。他扭扭身体，调整一下姿势，没多久又往椅背多靠一点。总之，他应该是懂得让自己放轻松，让自己舒服一点的人；可不知道为什么，现在的他，似乎一直找不到这个平衡点。

是这间会谈室教他不安，是我的因素，还是临时安排，有些措手不及？

张海的爸爸在中国大陆某所大学应聘为讲座教授，要待上一整年。上个月写电邮给我，谈起他留在台北读大学的儿子：已经休学两次了，现在又说要休学。如果这次再休学，是第三次休学了，向来自由放任的张家父母，难免也有些担心了。最后一次的信件里，张爸爸说张海表示他自己也想找一个人谈谈，也就同意父亲给我他的联络方式。不久，刚巧有一个个案有事取消，我就直接打电话问张海要不要第二天来一趟，也就有了现在的见面。

坐在他面前的我，知道他内心深处已经准备好深谈，也就没等他坐定，在几个基本问题后就快快切入主题，问他怎会想到去这一阵子才被媒体讥为廉价台劳的打工旅游？

张海立刻笑了，整个人才开始轻松起来。他说，他看过我在脸书发的那个帖子。当时这新闻正热闹，我写过一篇反驳这杂志的文章，后来被很多人拿去转载。

张海说："至少，我上一次是换一个方式了。"他指的是第一次休学时他不是窝在家里玩游戏，就是整天睡觉。第二次休学，早在《今周刊》专题以前，他听到有人到澳洲赚钱，于是在休学以后，很快地，他踏出去了。

活在别人注视中的风光追求

张海当年是南部某一明星高中数理资优班的学生，甚至还参加过国际奥林匹亚竞赛得过奖，也因此保送上了台大的相关科系。他说，进台大的那一年，他才开始知道自己是当不了物理学家的。

他指的是班上高手如云，在每一堂课老师的问答或是在每一场考试里，似乎都有一些他无法追上的大内高手，在他参透以前就快速漂亮地完成了。

当他这么形容自己的挫折感时，不明白的人以为他的成绩有点惨烈，甚至要三二或是二一之后又三一了（这是目前台湾大学两种退学标准：不及格的学分达到三分之二者，或是前一学期二分之一学分不及格后，下一学期不及格学分还达三分之一者）。然而，他的情形不是如此。幸亏他父亲也敏感地知道一般人可能的误解，在先前的邮件就告诉我，张海念完的学期其实成绩都不错，约略是班上的前十名。

然而，张海却不满意这样的排名，甚至认为很糟。在他的心目中，应该像高中时代那样，永远遥遥领先群雄，才能让他满意放心。

这让我想起美国新弗洛伊德学派霍妮（Karen Horney）“追

求荣耀”（search for glory）的讨论。严格说来，翻译成“追求风光”可能更贴切一些——追求在别人眼里永远是风风光光的状态，才对得起关心自己的亲朋好友，而自己也是能放心的。

张海的父亲是财经学界颇负盛名的学者，甚至可以说是南台湾最受瞩目的财经学者，母亲也是大学教授。

在张海的心中，父亲像一棵巨大的树。小时候，这棵高高耸立的树带给他安全感；长大以后却觉得这树太高大了，他发现自己永远只能在刺眼的阳光下仰望；而且，这么多年过去了，尽管张海自己也长高不少了，但父亲还是那么高大，始终只能抬头尊敬地仰望他。

初中或高中时，张海虽然是明星学校里的佼佼者，是众人崇拜的偶像，风风光光的明星，但他自己却始终没有海阔天空任飞翔的那一股豪气——因为天的顶端还有一片更崇高的天，也就是他的父亲。

张海始终无法从自己的内在来肯定自己，他不确定自己是否有任何独到的好（unique goodness），甚至找不到自己的特色了。他只能倚靠周边的人对他的崇拜，透过别人眼中的他是足够风光，才能确定自己是够好的。

在别人眼中，至少在昔日同学的眼中，张海是多么棒；可是在张海自己不了解的潜意识深处，其实是要靠这些周边人士的肯定，才能知道自己还不错，才能维持自信。

他的生命依赖别人的眼神；他的心理，从来没能力单独生存。他活在别人的注视里。

关于这一切，张海不甚明白，可是他却感觉到了。特别是来到台湾大学以后，失去了昔日众多的仰慕眼神，他开始感觉到自己的脆弱，感觉到自己无力单独生活这件事。但，这只停留在感觉上，而没有去真正分析和理解，于是他就以为自己是否得在生活上加油，比方说在经济上独立，才能拥有自己站起来的自信。

因此，当他听到有人去澳洲屠宰场工作，获得高薪打工收入时，果真就丢下教他没有成就感的功课（提到功课时，他有点失落地告诉我说："才第十名左右！"）出发，开始过着每天工作十小时却有日薪近五千元台币的劳力生活。半年下来，他也存了四十多万台币。

从这次打工旅游后，张海不再用家里的钱。他回台北以后，除了存款，继续兼了三份家教自力更生，不再向父母拿钱。他原本期待这样的安排，可以让自己的人生有足够的充实感。没想到，一年过去，他还是日益困惑，又回到大一那时的自我怀疑状态了。

当年的早熟小孩长大后

张海让我想起何子森。

子森的爸爸是我的朋友，失联多年的朋友。当年还是大学生时，子森爸爸和我都是文艺青年。我们两个人都是从北部到高雄念大学的，虽然不同校，但因为以文会友，都一起被当年最年轻、最有活力也是气势最大的诗社，网罗成为诗社中少数在学的年轻成员。

当年的我是医学院学生，十足的天之骄子。而子森的爸爸，个性十分谦卑而谨慎，对人总是十分客气。只可惜，我写诗的文采不足，无法下笔有如神助，否则我们两人还真是如同李白和杜甫那样成强烈对比的好友。

只是，不知何时，子森的爸爸就从文坛消失不见了。甚至，如果不是遇到何子森，我都忘了自己从没察觉这位老友的消失，几乎是忘了曾有过这么一位好友。

子森来找我，谈起他的困境，特别是对未来的茫然。

子森向来是杰出的，在考场一直也是无往不利的。只是，大三了，成绩也不错，他却还是困惑自己的兴趣，不知自己未来要干什么。于是，在他爸爸的联络下，才有这次认识的机会。

虽然和子森之间只是聊聊天，不是正式的心理治疗，但我还是从子森口里才更了解我的老友，也就是他父亲的诸多昔日往事。

原来我老友的家境并不理想，淡出文坛是因为要负担的家计加重了，甚至一直都有经济压力，直到近年才逐渐好转。

子森成长在这样的家庭，自然是十分替父母着想。父母自己年轻时的发展受限于家庭环境，成家后，对子森的照顾和训练也就不惜牺牲自己的生活质量。于是，原本担心父母负担的子森，也就更在乎父母对他的表现是否满意。不知不觉地，他对自己所有的表现养成高度要求的习惯，即使他并没意识到他是为父母而努力的。

然而，怀着这样戒慎恐惧心情的同时，怎么可能又拥有理想和抱负呢？任何理想和抱负，都是有风险的，甚至是高失败率的。自然而然地，因为戒慎的心理，子森放弃了很多机会。自然而然地，他的理想和抱负也就越来越自我局限在安全的范围内。

子森是典型的长大的早熟儿童：adult child。一般来说，adult child 一词有两个用法。一个用法是，child 指的是相对于父母的孩子，如果我们要强调是长大以后相对于父母的孩子，就是 adult child。譬如说，小孩成年后（长大搬出去、结婚，甚至有小孩了），父母如何跟他们相处。谈这一类议题的亲子书，英文会写成 Parenting adult child，是指“父母和长大的孩子该维持怎样的关系”的参考书籍。

另一类的用法，则是属于我这里所指的早熟。过去有人翻译成“小大人”，也有译成“成年小孩”，总是有些距离，无法传递其中的意义。正确的说法，应该是“当年早熟的小孩长大以后”。

最早，这名词出现于匿名戒酒团体之中。许多戒酒者从在团体里的叙述中，意识到自己的小孩因为自己过去的酗酒，变得比别的小孩更成熟。有的人甚至发现，原来自己童年时也是这样的小孩。

当父母之一开始酗酒时，不只是家庭经济受影响，小孩还要承担醒醉情绪不同的父母，和终日担心忧郁的另一父母。还有，要帮忙整理被弄脏乱的家居，或搀扶烂醉如泥的父亲或母亲。在这样的环境下，大多的小孩变得十分成熟，许多反应都像大人一样；也有少数会因为自己的逃避而一辈子被罪恶感折磨；而更少数则是十分脆弱，像严重的创伤后压力症候群一样，永远处在崩溃边缘。

家庭动力取向的研究很早就指出，这是家庭系统失衡，父母应有的功能不足，才造成如此结果。家族治疗更进一步指出，早熟性格不只出现在酗酒者父母所带出的小孩，所有功能不足的家庭都同样可能养育出这样的小孩，譬如父亲或母亲长期生病，或是某个小孩患有慢性疾病而占据了父母全副心神的家庭。

年轻的诗人不见狂狷，只有无奈与质疑

子森的爸爸成长自这种功能不足的家庭，一个经济负担永无休止的家庭，本身从小就是早熟性格。子森的祖父很早就卧病在床，而祖母却又十分情绪化和依赖。因此，当祖父开始卧病，子森爸爸和他几个兄弟，都被迫要半工半读。其中，子森爸爸是较擅长念书的，但还是要在大学的每个暑假去当卡车的

随车捆工。

在 20 世纪 70 年代，家教还不是那么普及，更没人去餐厅当服务生打工。对当年的学生打工而言，收入最高的便是卡车的随车捆工，其次是到梨山帮忙摘采或植栽。很多家计辛苦的大学生，为了要自力更生，平常兼多份家教，寒暑假就跟车当捆工或上山去做苦劳。

我现在回想起当年认识的子森爸爸，同样是年青一辈写诗的，他的作品除了有许多忧愁和无奈之外，总是质疑着这个世界。然而，他的人相对地比我们稳重许多。当年，他从不提这一切不容易的生活，只是静默地听大家的狂言狷语，是一位格格不入的诗人。

但这些特色只是早熟性格的一部分。**长大以后的小大人会有什么性格，相关的书籍中是如此描述的：因为经常质疑什么才是正常，担心自己不够正常，对自己因此十分残酷地自我要求；没能力快乐，总是十分严肃；不容易进入亲密关系；觉得自己跟众人不同；不是太负责就是太不负责；极端忠诚；不知如何与权威相处；太考虑别人而忽略自己；事情一不顺利就自我孤立等**。这些性格特色，如果再仔细一点，其实也可以在子森爸爸身上看到。

另外提到的特色还有：**总是需要别人的肯定；总觉得自己是受害人；可能会因想照顾别人或拯救别人而谈恋爱；亲密关系困难；有人不同意就一定要说服对方；容易被别人的愤怒吓**

到；喜欢冒险或惊险过程；不容易对人表达自己的感受；即使对方带来折磨或灾难，还是不分手；一意孤行；老在帮别人擦屁股。这些也是对早熟性格的观察而提出的分析。

如果子森和他爸爸一样，都有一部分小大人的早熟性格，那么，其中的不同又是在哪里呢？

子森的爸爸并不是他们手足中最强悍的。他排行老幺，哥哥姊姊都比他更努力、更认分。哥哥姊姊期待这位最会读书的幺弟，能够好好读书，争一口气。

这是十分传统的观念，全然家族为取向的观念。大家牺牲自己的一部分，就是为了成就整个家族。因此，严格说来，在这个家族潜意识的共谋里，哥哥姊姊为这个家族提早辍学工作，幺弟则是为这个家族努力读书，希望有一天这个家族可以变得又有钱又有地位，在乡里不再被看不起，甚至可以风风光光。这一切虽然没说出口，没任何承诺，却是在祖父病倒那一刻就开始形成的默契。

在这个家族复兴大业中，子森爸爸是担任上场的代表。他之所以可以站在场上，是因为有一个团队在背后支撑。或者说，他有一个安全碉堡，永远有一个退路；同样地，他也有合理的理由去要求援助，包括经济等。

当然，随着岁月，家庭系统的危机也许消失了，每个兄弟姊妹也都有自己的家庭要照顾，再加上（这一点是十分关键的）当年这个承诺只是默契，没有真正地说出口，更没付诸文字；

于是很自然地，每一个人都陆续找到理由（通常是自己新成立的家庭），而将这个复兴大业摆到第二或第三顺位了（但没有消失）。

当经济危机不再那么急迫，而每个人也都陆续在社会中找到自己的位置，子森爸爸的手足们于是一个一个成家而离去了，唯独母亲最疼爱的老幺，也是成长过程受这家庭庇荫最多的人，也就是子森爸爸，自然就被这一亲情的羁绊给留下来了。

子森爸爸开始要照顾情绪多的母亲，还有，永无止境的婆媳问题。

这就是子森成长之所在的环境源头。

我有责任要带给父母快乐?

子森的父母是大学毕业后，在台北工作而认识、结婚生子，再将老母亲接过来同住。子森在成长过程中，对金钱没有太多担心，但其实，三代同堂的家庭，生活始终颇有压力。

因祖母多病，父母对小孩的照顾使不上太多力气，这也许也是子森父母只生育一个孩子的原因之一。

在子森眼里，父母总是相当忙碌，包括为他忙碌。他们安排他上各种最好的补习班，安插到最好的学校，不惜耽搁自己的工作来做这一切。子森的印象中，父母十分关心他，却很少有时间交谈。每次送他去补习或上学，父亲总是说起自己当年的辛苦，母亲则是抱怨随结婚生子而来的诸多牺牲。

不论父母，谈话间同样都在向子森强调他们有多大的牺牲和委屈，以此鼓励子森多多珍惜，要力争上游。但在子森心中，却总觉得自己是父母不快乐的来源，所以有责任带给父母快乐。因此，从他有记忆以来，便懂得用功读书，因为他考第一名是父母最快乐的事。

子森爸爸之所以养成早熟个性，是因为家道中落带来经济危机，造成家庭功能不足；而子森的早熟个性，则是因为父母都没有能力让自己快乐，性格上不够成熟，而让小孩扮演他们情感的供应者，这是另一种家庭功能的不足。

不同的是，子森爸爸在成长过程中，后面有手足作为合作团队，前面则有不可后退的经济压力，因此，他迈步向前时更放心，也更有决心；然而子森却没有学习的对象，也没有能够分享的挚友，他一直都是孤独的。

何况，父母的经济虽然谈不上富裕，却可说不虞匮乏。因此，个性戒慎恐惧的子森，也就经常以逃避来处理他没有把握的处境了。

回到最前面的问题：为什么我们年轻人缺乏抱负和理想？

在《论语》里孔子便说过：“不得中行而与之，必也狂狷乎。”什么是狂狷？“狂者进取，狷者有所不为。”狂是指自我的豪气、野心、企图；狷是指清高自守、有所不为。

孔子所指的是，交朋友如果不容易找到能有中庸之行的人，不妨就找狂者或狷者。孔子说的虽然是交朋友，但其实朋友的选择，就是青少年成长的过程。唯有经过狂和狷的辩证，才有找到自己中庸之道的可能。

只是，我们这时代并不允许孩子有太多的“狂”。父母的成就，成为子女人生的基本目标，没达到这成就便没有自信，自觉没资格发表任何意见，也就不准“狂”。我们的不成熟也同时成为子女更难以脱逃的束缚，似乎子女从小就要为父母的情绪负责。在这种情况下，年青一代，怎么可能成为有狂有狷的一代？

没有狂狷的过程，一个人怎可能以理想和自信来面对未来呢？

孩子在无望的社会氛围中长大

上一代父母的事业成就，成为这一代年轻人的负担，让他们在面对未来时绑手绑脚。同样地，上一代父母普遍不够成熟，也是这一代的束缚。

除了这两点，还有什么是年轻人越来越没有抱负和理想的原因呢？

张忠谋先生在科技会议上，认为现代的年轻人愤世嫉俗，缺乏理想和抱负。张先生的担心并非偶发。从 20 世纪 90 年代以来，每隔一段时间，对年轻人总有“草莓时代”这一类的形容，暗示着对下一代的担心或失望。如果这是真的，也就是说一代不如一代的现象，近二十年特别地明显，这是怎么回事呢？除了父母的成就，除了父母的不成熟，还有呢？

我想起一位多年以前的个案庆云，她在美国一所特优的大学毕业，又读完硕士班才回亚洲工作。庆云在职场一边追求自己的成就，一边却又怀疑这一切。而且，这样的怀疑，对一切世俗努力的怀疑，是她从高中以来就一直存在的。当年，也就是十年级时，当同学们都准备开始努力 SAT 时，她自己却承受不住这虚无，来寻求专业的协助。

庆云说起自己的童年。父母是杰出的知识分子，年纪不小才有了她这样一个独生女。尤其是父亲，近六十岁了才有这个宝贝女儿。于是，在她的成长过程中，还是懵懂的年幼之际，所有听到父母私下的谈话，都是关于病痛和养生之道。

同一辈的同学或朋友，在他们同样年纪的童年时，平常从父母那里所听到的，多是生活的打拼，包括如何奋战、如何计划，以及伴随成功而来的庆祝或因为失败造成的沮丧。

对庆云父母来说，在六十或七十岁的年纪，淡然地谈起生老病死是一种自然不过的事情；然而，对庆云当时才正要成长的生命而言，却是太早暴露在这无所不在的衰老心灵中。

从庆云这个个案以后，我开始注意到，出生时父母之一或双方皆年纪已长的个案，他们的生命力，似乎特别的苍白，而且少有例外。

父母衰老仍养儿育女，当然不是天生的罪过。问题不在于老，而是在面对生命的态度。年纪虽然大，依然可以过着十分充实、积极、向前展望的生活。

然而，父母提供的环境，只是我们社会的一个缩影。近年来，台湾因为社会结构的缘故，再加上连续几任领导人都缺乏对未来的想象与努力，我们的经济不知不觉已经陷在泥沼里。这时，媒体上拥有发言权的人，只有虚无嘲讽；政坛上的衮衮诸公，只有应付的说辞；而一般的老百姓又是唉声叹气。在这样的环境长大的孩子，又如何能有理想和抱负呢?

关于现在的年轻人是否缺乏抱负和理想，我的一位朋友闵先生说得好："我们的社会给年轻人太少希望了。"

影响年轻人生命力的，不只是拥抱他们的父母，还有比父母的拥抱更大的拥抱，也就是我们这个社会。如果这个社会是充满生机的，成年人每天都兴致勃勃地投入生活，对未来充满朝气，那么，在这环境长大的年轻人，面对未来当然也是跃跃欲试的。

很多人在批评我们的年轻人之余，总会拿大陆的年轻人来比较，说他们是如何积极进取，如何为未来而打拼。我们大人都忘了，在大陆，和我们年纪一样的成年人们，也是充满信心地向前看——只是我们很鸵鸟地讥讽他们是向"钱"看，而看不到他们后面更重要的那股干劲，如此而已。

年轻人没有抱负和理想？那么成年人除了相互指责，又有什么？

这样的孩子，如果不是有无止境帮忙的父母帮他挡住一切

不知节制的疼爱

应有的处罚或代偿付出，他们早就学会自己无止境的欲望是该自我控制了。

父母过度的担心，却又是另一个问题。维莉是某个知名女中的辅导室个案。那一天，她自己踏进了辅导室。

当好友不再只专属于自己

根据辅导老师的说法，维莉进辅导室才一坐下，就哭了。

那一种哭声，先是啜泣然后号啕，最后整个人放开尖叫哭泣，教旁边的人也都要心碎了。

“我其实……其实是想……当她的朋友、她的好朋友而已。”维莉坐在椅子上，身体都扭曲了，直直呐喊着，间歇地吐出一些字眼。

辅导李老师，一位年轻温柔的女性，轻轻拍一拍她抽动的肩膀，才用力伸长手臂搂住她。

这是一个教人难过的下午。我是应邀到这所女校来参加个案研讨会的。李老师是合作过几次的专业伙伴，事先就用十分抱歉的口气告诉我："其实，是家长比较难缠……"

我知道，我是可以理解的。这些年来，台北市地区公立高中辅导室的辅导老师们，专业能力其实都是十分难得的优质，真正难得帮得上忙的机会，反而都不是个别咨询或心理治疗的专业问题。对他们来说，最近常见到的挑战，如果勉强要说出一个名词来，也许可以说是"家庭、学校和/或社会的系统问题"。

维莉的状况就是一个这样的例子。

维莉的朋友静玉最近参加热舞社，和社团里的同学，特别是其中的一位女同学，不只是充满崇拜的喜欢，两人聊天也愈来愈投机了。平常和静玉老是焦孟不离的维莉，忍不住生气了，一方面自己难过，一方面又气又闹，最后连难听的话都写上脸书了："你哪里是静玉？你根本就是骚水！"而静玉当然崩溃了。

静玉的父母受不了，出来要求学校处理。维莉的妈妈也不示弱，认为是静玉存心搞同性恋，四处勾搭。

而我，一位稍有社会知名度的男性精神科医师，在这个嘈杂的会议室里，此时能够扮演的角色其实不是很传统的咨询，反而更像是一尊伫立不动的风狮爷。

风狮爷，是否真能镇住狂猛的风，已经不重要了。重要的是那个“君子不重则不威”的姿态，一种象征性的存在，让双方家长不要因张扬狂风而胡乱飞舞，而是回到他们关心的真实问题：究竟要怎么平息这场战争，让他们心目中向来品学兼优又乖巧的女儿，继续品学兼优、继续乖巧呢？

愈来愈晚熟的同侪关系

1995 年我离开花莲，回到台北开始工作以后，就经常接到各个中学辅导室类似的案例：过度介入的家长，加上不成熟友谊所产生的冲突。

我还记得第一次处理的类似案例：因为好友 Z 开始和同学 Y 成为手帕交，案主 N 觉得自己被背叛了，在家里吞药自杀。

邀我去做个案督导的辅导老师，还特别对我强调：她们两位学生，真的不是同性恋。学校是担心我误会了。但这我早就知道，同性恋（homosexuality）和同性情欲（homoerotic）虽然有复杂的深度关联，然而在生活的表现上原本就是天壤之别。但我惊讶的不是这一点。我惊讶的是，这情形虽然不陌生，却发生在无法想象的年纪上。我自己内心深处，忍不住有一个声音轻轻独白着：天呀，这不是小学女生才会出现的问题？

我想到的是自己小学低年级时，班上同学的一些互动。那时总是一张木桌两张小椅，两两同学也就自然容易成为好友。我不记得自己是和谁同桌了，却记得班上女同学经常吵架，在书桌上用粉笔画一条线，楚河汉界，好朋友从此就变成不准对方逾越一步的敌对状态。偶尔，有男生吵架了，也闹起同样的僵局，其他同学还会嘲笑说：怎么这么女生，这种吵法？也就是说，这行为在发展上来说，女生应是小学低年级，而男生则是更早以前。

这样的惊讶心情，随着高中或是大学里一次又一次类似的个案，慢慢消失了。只是，愈来愈习惯、接受这现象之际，不禁暗想：怎么回事，这个差异？从小学低年级延后到高中，究竟我们的年轻世代有了怎样的变化？

情杀是一个可以放到相同脉络思考的问题。

在日本东京的一位台湾张姓留学生，杀了他爱慕的 A 女，也杀了与 A 女一同租屋的 B 女，然后一个人潜逃，被逮捕时他还在大阪自己所喜爱的偶像团体的剧场里。

这是轰动一时的新闻，特别是因为“丢脸丢到日本去”，让网友们义愤填膺地在网络上痛骂了好一阵子。

事情发生在哪一个国家，其实不是最重要的。同样的事，关于台湾留学生的，曾经发生在美国，纽澳似乎也发生过，大陆留学生也发生过。同样都是这样的逻辑：当我爱的人不爱我，不管他曾爱过我或我只是单恋，我就不准他爱别人，于是谋杀就成为经常的结果。

这个发生在日本的案件详情如何，我们只能透过不太可靠的媒体来了解一些未必真实的细节。男方是一位三十岁出头的宅男，整天待在房间玩电动，连家人都受不了，才被刺激而前往日本读语言学校。A 女和 B 女同样也是赴日学日语，因为他乡相遇也就认识了。只是张姓男子却对这种善意，用十分漫画的想法来理解，将它误解为爱情，于是展开一连串的追求，最后才发生了很电玩游戏的死亡方式，而结束了这一切。

类似的情节也发生在其他的情杀故事里。其中经常重复出现的重点里，有几个是和人际关系有关的。

“占有”被误解为爱情或友情的权利

哪些人际关系的相关观念，在这里扮演了重要角色呢？

首先，普通的友谊关系被误解为爱情。

在以爱情为主题的青少年或年轻人娱乐产品中，不论是日本漫画或美式 YA（young adults）电影里，在宅男宅女主角总被嘲笑太胆小的剧情中，主角爱慕之人的主动微笑或招呼，常是重要的开场戏，因为这些微笑或招呼，在剧中被设定为爱慕之意。在剧中，宅男宅女们只要愿意克服自己的羞怯，立刻就可以告别寂寞单身状态，从此跟女神或美男生活在一起，甚至立刻上床享受性爱。日本漫画就经常如此描述，《美国派》这一类美国电影也是如此。

然而，真正的生活里，只要一个人适当地发展，随着社会化的完成，自然在十岁左右，就会对初步接触的人（同班或同乡或朋友的朋友）做礼貌性的互动、打招呼、寒暄等。礼貌性的微笑和暗示性的求爱讯息，这两者之间原本是十万八千里之遥的差异，如今却混为一谈。

其次，与人际能力相关的议题当中，经常出现将“占有”误解为爱情或友情的权利。

在人的发展过程中，婴儿对他人是有绝对的占有欲的。一个刚出生的婴儿，对环绕他身边的妈妈不只是想占有而已，甚至视为是他世界的一部分。慢慢地，虽然他知道照顾他的这个人比他还更有力，但无法遏止的占有欲，还是让长大后的他跑到父母的床上（潜意识里不甘心爸爸占有了妈妈），或是在弟妹出生后又有了尿床赖皮等退行行为（潜意识里以为回到昔日的幼小就可以继续占有父母）。

当然，更不用讲狠狠地咬母亲的乳房或其他攻击动作了。这些动作背后其实是有着强烈的毁灭欲望，小孩如果有这些侵略性的动作，因为还小，大人们也就觉得是可爱的。但是，如果长大到个头跟父母一样高了，还有这些攻击行为，其实是十分具有伤害性的，足以危及一个人的身体安全，甚至是要命的。

只是，随着成长，从婴儿到小孩，人们开始学会自己不再有权利占有另一个人，即使他和另一个人的关系是多么深厚。从占有到分享，从一个人的世界到两个人的世界，甚至是可以容纳两个还在成长变化的意识的世界，这中间，存在着许多的发展。

然而，像情杀这类的现象，其实只是冰山的一角。许多没发展成谋杀或严重冲突的，却也充满了跟占有欲有关的严重冲突。

一位母亲来我任职的医院的门诊挂号。她问：能不能帮她读大学的儿子挽回女朋友？

我听到这里，忍不住就开始想：天啊！这是怎样的世界，做儿子的谈恋爱还要靠妈妈出马？做妈妈的来帮儿子的恋爱奔波出力？

然而，这就是我们的世界，我们生活其中的世界。

过度保护剥夺了孩子的成长

这位认真的母亲一大早就来医学中心的门诊排队了。

那已经是十多年前的事，当时还没有计算机挂号，更没有健保的低酬制度逼出的不限制挂号这回事。在名额有限的情况下，坐落在台北市区的这一所医学中心的每一科门诊，都有很壮观的排队人潮，几乎是清晨五点以前就挂不到初诊了，甚至全由挂号黄牛所垄断。

这位没挂到号的母亲不死心，继续到我门诊门口等待。在九点开始看诊之际，我刚刚抵达时，她便苦苦哀求我为她儿子加号。这样的情况，我通常是同意加一个，顶多两个。

当年看诊还是很有质量的时代（然而挂号是很没质量的），精神科门诊是初诊限号五名，复诊则是二十名。而初诊加号一位，就代表工作量增加 20%，加两位就是快加半了。

待这位妈妈进来时，我十分讶异地发现送来的病历是她本人而非她儿子的。原来她是怕挂了精神科的记录和病历里的相关内容，会影响她宝贝儿子人生的前途，包括未来的升迁等。尽管我再三保证医院病历除了当事人同意和涉案而遭法院要求，几乎是不可能外泄给包括保险公司、政府单位等在内的第三者，还是因这位妈妈苦苦哀求而作罢。于是，我们的谈话，关于她儿子的，就只能直接记录在妈妈的病历上。

原来这位妈妈的宝贝儿子和女朋友吵架，女朋友跑了。我听到这里，几乎是毫不遮掩地用不可思议的表情看着这位妈妈；然而她虽然稍有尴尬，困窘的表情还是很快被救子情深的迫切淹没了。

儿子上大学后，就认识了同班的这位女孩子，开始交往。没几个月，随着摩擦的增加，女孩子表示要分手一阵子冷静一下，儿子便在家里不愿上学了，甚至还有意无意地表示有自杀的念头。

这位疼爱自己儿子的妈妈，简直吓坏了。她去找那位女孩，也找女孩了的父母，希望能帮助她儿子走出来。女孩的父母听到她儿子的状况，忧郁症啦、自杀倾向啦、因拒上学而旷课太多遭退学啦，也就十分善良地劝女儿帮帮忙。

这女孩也果真回去了，而且是真诚地给这位男同学再一次机会，绝非虚与委蛇。

没想到，这一次冲突更严重了。妈妈的宝贝儿子在教室里看到女友和其他的同学们愉快地聊天，几乎是要抓狂了。在回家的途中，他不断指责女友："你难道不知道我的心情不好吗？为什么没安慰我，还刺激我呢？""当初复合不是要重新再来吗？怎么自己男友心情不好，还在和别人打情骂俏？"甚至最后，说着说着就激动起来，还揍了女友好几拳。

这次，女方父母出面了。女孩子才说，原来上次分手就是因为出现了好几次这样的暴力，而每次事后男孩都苦苦相求，表示会痛改前非，表示都是自己最近一切不顺遂才会如此的，女儿才一次又一次给他机会。女孩的父母了解了这一切，一方面愧疚自己劝女儿帮忙，竟是将女儿送入虎口；另一方面，更是愤怒无比，在电话里悍然阻止了要去送礼探伤的男孩妈妈："你再来，我们就去告你儿子！"

这位宝贝儿子的妈妈不知如何是好，才会一大早来到这医学中心的门诊排队挂号。待她在诊间的椅子上坐定，一开口便问："医师，能帮帮我儿子，将他的女朋友劝回来吗？"

她没想到自己的儿子是真的病了，该寻求专业协助，而不是只是急着将他女友寻回来。台湾有太多这样的危险情人，充斥在每一所大学或中学里；不管是排名前面的好学校，或是名不见经传的普通学校，都有这样的情形。如果这些危险情人没有成长，一切没有改变，以后将成为家庭暴力的加害者。然而，眼前这位妈妈压根没想到这些，她还是认为自己的儿子是单纯而善良的，从来就没和危险情人或家暴加害人这一类可能性做任何的联想。

也许，来精神科挂号是妈妈本人一种误打误撞的先知先觉。这样的小孩，如果不是有无止境帮忙的父母帮他挡住一切应有的处罚或应付的代价，他们早就学会自己无止境的欲望是该自我控制了，他们原本就不是这世界的神祇，而世界也不是围绕着他而转。

富裕年代以前的成长环境

在美国的 20 世纪 80 年代后期，特别是婴儿潮那一时代，他们的小孩长大以后，父母的角色开始遭到前所未有的质疑。

那是一个富裕的时代，物质的匮乏不容易出现在孩子们的成长过程中。然而，这样的社会一样有问题，只是问题不同罢了。在临床上，更多家庭动力的讨论，开始从家庭的功能不足或结构的不传统（没有传统家庭中应有的爸爸和妈妈），转向所谓家庭的功能不良（dysfunctional families）。

过量而不知节制的家庭功能被提出来指责，父母亲自我中心地疼爱孩子的方式更被提出讨论。所谓“有毒的父母”（toxic

parents）这样的名词也开始流行了。

亲职的角色开始被指责、反省。人们开始质疑：究竟怎样的亲职才是适当的？父母的心态应该如何？而学者专家们也开始好奇：怎样心态的父母才会出现这样的教养态度？

然而，在我成长的过程里，20世纪60年代的台湾，父母是没有太多时间宠爱孩子的。

我妈妈不经意就会提起我弟弟是不小心怀孕的结果。关于这一点，长大以后的我们渐渐知道这对弟弟的心理是十分伤害的，总是有意无意地劝阻妈妈不再提这件事。只是，事实确实如此，我们家就像那个时代大部分的家庭一样，有四个孩子，彼此吵吵闹闹地长大。

在手足打闹中养成人际能力

在那样吵吵闹闹的过程中，今天也许是我和弟弟联合起来对付大哥，也许是姊姊和哥哥一起惩罚我。总之，在永无止境的合纵连横中，虽然那时没有1992年才有的《儿童福利法》，也没有各种单机型游戏或网络游戏，但却让我们学会如何和同侪相处，特别是充满占有欲的自我中心心态，早在吵吵闹闹中，被相互之间的同情、同理和尊重所取代了。

而家庭之外的，是玩在一起的邻居。虽然在游戏之间，经常是互相欺负，甚至出现今日令人痛心疾首的霸凌现象；但这样的野性环境，在竞争和游戏中也同时学会的友谊，不只让我们拥有最初步的社会能力，也懂得人与人之间的相处之道。

然而父母呢？

父母也许为生计而汲汲营营，所谓的食指浩繁。但是，在小孩子有真正需要，自然反应地跑回家求助时，家庭和家庭中的父母始终维持着随时回应的角色，也就维护了家作为小孩安全基地的功能。

在依附理论里，好的依附（attachment）是一直被强调的；然而依附理论也强调分离（separation）。分离究竟是如何发生的呢？关于这一点，却没有太多的讨论。

在我成长时，不是只有家才是家，所有的左邻右舍，甚至是整个小镇，都是家。这一切地方都是和家里一样安全的，是父母或其他大人都放心的；我们小孩狂奔其间，充满探索的惊喜，没有因过度惊惧带来的停滞止步。自然地，就在这个如家的大环境里，虽然有点放生的野地气息，却不知不觉完成了分离的能力。

我们家四个小孩的年纪，几乎遵守着当年政府所要求的相隔三岁，四人从小就在打闹中一起长大。今天是我联合弟弟打哥哥，明天是哥哥和弟弟一起揍我，就在这样今天是盟友明天是对手的互动中，我们发展出人际关系中水平面向的能力，也就是和同一辈交往的能力。

过去的小孩是害怕父母、害怕师长的。因为孩子这么多，只能分到三分之一或四分之一或更少的父母关爱，自然接触机会是相当不足，甚至大多只有挨骂或体罚时，才是唯一单独拥有父母的机会。自然地，人际关系中垂直面向的能力是不足的，面对权威时特别容易恐惧不安。

然而现在的小孩却大不相同。

他们从小有很多父母式的长辈（父母、祖父母、外祖父母，甚至外佣等），因此十分擅长和长辈来往，擅长和权威互动，也就是人际关系中的垂直面向是很发达的。

但是，他们的手足很少，甚至是独生子女；再加上现在的都会生活家家户户壁垒分明，除非去上学，否则没有任何同侪经验，不像我们当年家家户户都是野孩子，在上幼儿园以前就互相熟识。因为如此，这一代的孩子人际关系中的水平面向，相对来说，也就很慢才发展。而这也是为什么他们屡屡理所当然地将占有当作友情或爱情了。

在过去环境长大的孩子，可能一辈子都不容易和权威互动，一看到权威忍不住就紧张起来。至少我是这样的，一直到现在，遇到住院医师时的老师还是一不注意就莫名紧张起来。

但，在那样的时代，也没有大学生的情杀，没有开车撞死人的跑车少爷，更没有将自己残暴的行为用手机录像还上传到网络上的年轻人。

辑三

新时代，父母不懂的新困境

自信心，果真以父母的成就为基石

台湾的经济奇迹，再加上教育的推展，造就了前所未有的成就，不再是下一代子女能超越的了。这障碍，也就成为现在年轻人的玻璃天花板——穿不过的限制。

认识汉民兄已经有十多年。

最初，只是在一般场合认识的朋友。他听到我是精神科医师，也许是联想到侯门深似海的那种疗养院，便主动聊起乡下长辈常年住院的事。待他终于搞清楚精神科医师也可能是一般人所谓的心理医师，又热情地转移话题，说起他刚刚结束的一个婚姻，特别是两个小孩所遇到的困难。

平常在这种大家只是客气打哈哈的社交场合，难得听到有人说起自己的隐私。虽然有点突兀，但总觉得他基本上是直率单纯的人，不知不觉也就开始有了联络。

先是他找我帮忙为叛逆期的小孩介绍心理医师，后来也和他两个小孩熟了。偶尔，晚上接到他的电话，听他说起近来前妻又出现，好不容易能够平静生活的小孩又乱了心情。他电话中问起该怎么办？有时我空闲一点，可以慢慢和他谈；有时忙碌，只能说两句原则性的建议。而他也不以为意。

一开始他还会派属下送来钟点费。他打听到我的收费情形，每打一次电话就当作一小时。待我说明拒收后，开始换成三节的礼品。他带小孩去看我介绍的心理医师，自己却始终没去找我为他介绍的那位。多年来也就这样，久久忽然来一次电话。

为什么我养儿子，CP值就是比别人差

这次的电话，他在另一头的声音明显消沉。原来是大学指考发榜了，去年大一被退学的儿子在昂贵的补习班待了半年后，考得比前一年还要差许多。

他说："为什么我养儿子，CP值就是比别人差？"

这些年来，幸亏接了不少身为企业主的个案，也因此听得懂所谓的CP值。原文的用法是"Price vs. Performance Ratio"，但因大部分是用来计算自己付出和获得的成效比，因此，Price渐渐被Cost取代。CP值指的是你花一块钱可以得到多少的"效果、表现、收获"等。

汉民兄是兄弟姊妹之间最杰出的。不仅从小苦读进到排名最好的学校，自己也白手起家创出一番事业。他所谓CP值低，

是和事业不如他的兄弟姊妹比。大哥的两个儿子都是名牌大学的，姊姊的儿子目前在重点高中，妹妹的女儿今年也考上重点。总之，用他的说法：一门豪杰。

因为离婚，加上工作忙碌没空陪小孩，汉民兄一向不吝高薪聘请家教老师，也请托关系安排子女进入一流的私立学校。自然地，他对子女的教育劳心劳力的程度是兄弟姊妹的好几倍。这也就是所谓 CP 值低这说法的缘由。

只是，“砸钱安排小孩教育的方式是否妥当”，甚至“以 CP 值来评量小孩表现是否太功利”这样的问题，面对正值挫败的父亲，是不适合说出口的。

我在电话这一头，轻轻说一些话和他分享：“或许，是你成就那么高，对甥侄们来说是很好的榜样，甚至是成功的最好启示：他们虽然家境不佳而资源有限，但想起有个叔舅当年条件更差，如今却飞黄腾达，自然更坚信自己的努力是值得的。

“但自己的小孩就不同了。同样是成功的典范，在他们眼里却是阻碍。自己的爸爸当年条件那么差都能有如此成就，轮到自己，拥有如此优渥的资源，岂不是非成为人中龙凤不可？可是不管努力几次都只是一般程度，即便还算优秀，也都觉得没有达到自己应该做到的：远远胜过当年的爸爸。就这样，一而再地，也就放弃努力了。”

我不知道汉民兄能否理解这些谈话，但我会这么说，确实是有原因的。

台湾的经济奇迹，再加上教育的推展，造就了前所未有的成就，不再是下一代子女能超越的了。这障碍，也就成为现在年轻人的玻璃天花板——穿不过的限制。甚至，成为一辈子的梦魇。

继昌就是这样的一个例子。

沉溺在昔日家庭荣耀的幻想里

继昌是昔日同事转介来的。每次忧郁症发作，他便很容易进入宗教妄想：相信自己可以直通神明，甚至就是神明本身。他和类似妄想症的患者不同之处，在于他的神明会因为某些善缘，开始帮他展开恢复家业的这类情结。他的主治医师觉得这内容在心理动力上太有象征意义，才建议他做心理治疗。

第一次会谈时，继昌提到他爸爸的名字，我立刻就想起来了。当年，也许是高中、大学阶段吧，在台湾没有人不知道这名字，一位政商皆得意的大人物。曾几何时，这名字从媒体中消失，好多年来都没听人提及。原来，在继昌大二那年，他们家彻底破产了，他也因此被迫从国外大学转学回来，一家人窝在三十来坪的公寓。更悲惨的是，想要东山再起的父亲，为任何可能奔波四处，忽然在异国心肌梗死急救不及，从此就留下妈妈、姊姊和继昌。

会谈时，继昌说起他现在一个人像“宅男”一样宅在家的生活。有时，啥都不想做，便沉溺在幻想中：爸爸回来了，告诉他一切又恢复正常了，要他快快收拾行李，日本庆应大学某某教授保证一定录取他；快快毕业，回来接爸爸的事业。

他知道这一切是不可能了，可是要他去找一份工作，朝九晚五地上班，整个人却提不起劲。他曾经去某个公司，还被提拔为小组长。可是，想到一辈子这样的工作，最好也不过是个经理，以前在家里随便一喊，就可以找来一二十个同样职位的员工，自然也就气馁了。他说，他知道不要好高骛远，可是，想到离过去的日子、离父亲的成就，是那么遥远，生命像是跌落无底深渊，抬起头来，面前的未来是一片永远看不透的黝黑。

继昌说着说着，忽然号啕大哭，又叫又捶，好像郁积陈年的污水，一股脑涌现出来。

那是多台风的炎夏，窗外滂沱大雨同一时间齐声呐喊。

一个人的自信、自尊、成就感或自我概念，这些名词，都是西方心理学长期关注的。每个观念，大概都有上百本的专书和成千上万的论文在讨论，连教育界和心理界的学者也不例外。只是，这些汗牛充栋的著作，能否回答我的朋友汉民兄的困惑呢？

东方式的自信建立在对父母成就的超越

我自己喜欢参考英国著名的小儿科医师兼儿童精神分析师温尼考特的论述，不过这时也显然有所不足。

温尼考特有一个著名的观念：“适当的失败和挫折的过程，就是促进孩子们成长的最好环境（The process of optimal failure and frustration is the facilitating environment）。”这里的成长，是指自信心等各种内在的成长；而适当的失败和挫折，是指孩子们不太熟悉的（像考一辈子试的亚洲孩子，再考一次大考也没太多成长效果），也不能太简单没有挑战感觉的（一直玩同样的在线游戏，不断破关，通常也没什么帮助），更不能是沉重到一受挫就站不起来的失败和挫折。

如此，孩子们虽然面对着一个有挑战的情境，但是这情境是自己有足够的信心敢去试试看的。如果挑战成功，自然更有信心；如果不成，他还是会想再试试看，抱着“在哪里跌倒就在那里爬起来”的心情继续下去。

只是，在台湾，乃至整个东亚，这似乎还是不够的。

在 20 世纪 90 年代，有一个知名的奶粉广告，它的一句文案是如此击中人们内心的焦虑：“孩子，我要你比我更强！”

这虽然是以父母的口吻出发的想法，同样也可以内化到孩子们的内心深处，成为这样的版本：“我的所有一切成就，学历也好，事业也好，至少要有一种是超过父母；因为超过父母的，才是我自己能力挣来的，才能证明我自己是有本事的。”于是，同样是台大毕业的孩子，如果父母也是台大毕业，他就不会像父母不是台大毕业的同学，那么觉得考上台大是值得自我肯定的；同样都是大公司的总经理，如果是从父亲手中接来的家族事业，他的信心总比不上另一位白手起家的总经理。

一代胜过一代是自信心的起点。在成就还不及父母，或仅仅和父母相当时，我们会觉得这只是自己基本上就应该做到的。这在亚洲国家是普遍的现象，但西方心理学者虽然在“自信、自尊、成就感或自我概念”这些领域投入长期的关注，却从来没有从这角度来研究过。

家庭或家族所处的社会位置，至少在东方，是个人心理的重要影响，甚至是组成的一部分。心理的组成，原本就和社会因素（阶层、家庭、变迁等）息息相关。关于这一点，也许受西方个人主义传统的影响，大部分西方心理学家都跳过去了；而对东方的心理相关专业人员（包括我在内），也许是这些心理学或教育学毕竟是西方横向的移植，也就忽略了。在东方，我们的心理学还有更长的路必须去摸索，才能发展出贴近我们生活的心理学。

一名女资优生自杀之后

年轻人自杀了，为了爱情自杀了，我们应该了解什么呢？我们的教育，不只是学校教育，包括家庭教育和社会教育都出问题了。

这些年来，天气特别反常。一年夏天极热，而冬天极冷，又一年却是相反。2012 年 3 月寒流特别频繁。早已经过了立春的季节，果真是反圣婴现象的缘故，气温还是在漫长的冷冽里。

此时新闻媒体报道了一条南部高中的高姓女资优生自杀的消息。这新闻似乎只持续一两天的激动，也就很快冷却了。

自杀几乎百分之百与忧郁症有关？

才高中一年级呢，我惊讶地可惜这般年轻的生命。依媒体的说法，说她只是因为质疑已分手的男友对其他女性示好，遭该男性斥责后而跑到地方图书馆顶楼，用铁丝上吊自杀。

这是媒体的说法，但，真实的心情是如何，终究无法想象了。我们都知道，媒体的论述永远都是太简化、太戏剧化，也因此扭曲了一切。倒是死者留下的遗书，恐怕是真的："对这段感情，我想分手，不想放手。"

年轻的生命陨落了，在一个无人知晓的正午。那时候，这世界的所有人在哪里？在马路上？在办公室或教室里？还是正在吃可口的午餐？

我翻了一下自己的行事历，那是周日中午，自己因前一天参加工作坊的训练，正在与原本安排在周六的心理治疗个案会谈。结束后，再赶到台大校园看了一出戏，关于荣格、弗洛伊德和他们的女性个案莎宾娜。（莎宾娜从俄罗斯来到苏黎世遇见荣格的那一年，也是和高姓少女差不多的年纪）。

事情发生的那一时刻，我坐在诊间，我走在路上，没有听见生命这般尊贵的坠落引起的任何声响。

那天是3月中旬的第一天。过没几天，从报纸和电视，到整个台湾岛屿，所有的角落都为盛开的樱花着魔了。人潮挤着人潮，焦躁的心情比全面绽放的樱花还更激动，再也容不下任何思考或回忆的刹那安静。高姓少女，这个年轻的生命，也果真不再存在了，甚至是从人们的记忆中消失。

生命消逝是如此容易，而人们的遗忘似乎是更加容易，可能下一个高姓少女之死将会更迅速，连激起注意都不容易，甚至可能像是不曾发生过。

亚洲人民的自杀原因偏向急性生活压力

自杀防治工作是相当不容易的一件事，台湾是亚洲地区少数提出这样计划的。虽然成效还不及中国香港和日本，但是，客观而论，是相当值得鼓掌了。

台湾的自杀防治工作，基本上是走医疗模式。在台湾的自杀事件，事后的心理解剖，几乎近百分之百被认定是忧郁症相关的心理疾病（97%~100%），远远超过亚洲其他地方，包括大陆（45%~76%）和印度（33.6%~88%），也就是亚洲一般59%~85.7%的范围。

这样的流行病学数字是教人困惑的。究竟是主导台湾自杀防治政策的皆为精神科医师（如李明滨、郑泰安等前辈），而先入为主的观念影响了诊断判断，还是台湾岛上的人民是一种特殊的族群，只有忧郁症才会导致自杀？

台湾的自杀防治工作除了核心的医疗模式，外层工作则是试图要完成“自杀防治守门人策略”。只是，根据自杀防治中心的网页，目前似乎只推广到生命线、农药贩卖商、老人居家服务、荣民之家、台大校园而已，离“全台湾”其实还很遥远。更何况，也找不到效果评估，不知道真正的影响究竟有多少。

2008 年国际医学期刊《刺胳针》（*The Lancet*）刊出一篇由台北联合医院松德院区（昔日的台北市立疗养院）陈映烨医师和香港大学社工系教授叶兆辉共同列名的投书，文中就指出，亚洲的自杀防治不该采取欧美的医疗模式。

欧美的自杀和忧郁症有较明显的关联，而亚洲则是偏向与急性生活压力有关；欧美文化的个人主义，融合医疗上一对一的治疗；亚洲的家族、社群取向，一对一的医疗可能还不够，甚至是不适合的。

因此，当时陈映烨医师在《联合晚报》的一篇采访中表示：“亚洲的自杀防治策略，不应是偏临床医疗，有自杀倾向的人，不应让他们继续走向不归路。”

造成自杀的急性生活压力是什么呢？

在陈映烨医师等人[①]2011 年的另一篇论文里，就指出：“在亚洲男性，和失业、赌博、工作相关因素，是最重要的促成因素；在女性则是家庭相关问题。”

台湾自杀现象的独特，除了急性生活压力，还包括资优生自杀，或为情自杀 / 他杀的；另一种自杀也是世界上的独特现象：杀家人的自杀（familicide-suicide）。

失业的父亲开车带着全家到偏僻地区，用排气管将废气引进密闭车内，全家一起死亡；走投无路的单亲妈妈，将自己的小孩勒死再行自杀；长期索钱而无所事事的成年儿子，在索钱被拒后，杀了父亲而自杀；年轻学生因家贫被同学瞧不起而遭霸凌后，留下“我们全家都是垃圾”的遗言，准备焚屋却幸亏被发现……

每当打开报纸、转到电视的新闻频道，这一类的新闻总是教人触目惊心。几乎是每一两个星期就会出现一次。

如果高姓少女这样的死亡，教人想到缤纷飘落的樱花；那么这一类“杀家人的自杀”则像是走在马路上突然出现地下瓦斯管的爆炸——只是愈来愈频繁，大家也就习以为常、迅速遗忘，没有留下任何记忆的灰烬残迹。

这样的问题，临床医疗能解决吗？

当然不可能。

自杀背后潜伏着巨大的社会、教育问题

自杀率下降了，自杀不再是十大死因之一了，但自杀的人数还是相当多。

从中年男人自杀案例的增加，我们就应该知道：这社会需要能促进经济繁荣的政策。

老年自杀增加，我们也应该知道：这社会的老人赡养出问题了。

单亲妈妈的悲剧频频出现，我们就应该理解：性别政策还是不够好，性别差异对待还是这社会的严重问题。

然而，年轻人自杀了，为了爱情自杀了，我们应该体会到什么呢？我们的教育，不只是学校教育，包括家庭教育和社会教育都出问题了。

自杀，真的不只是临床医疗问题而已。

高姓女孩离世的第十五天，我写着这篇文章，忽然觉得这些急性压力的范围有一股熟悉感。我默默思索着，就学、老人、婚姻、教育……忽然想起来了，原来这熟悉感是来自从小学校要求背诵的课文，《礼记》中的《礼运·大同篇》："使老有所终，壮有所用，幼有所长，鳏寡孤独废疾者，皆有所养。男有分，女有归。"这段古老的文字，十分简单，却涵盖了所有当初

社会的问题。

而在《礼运·大同篇》这段话之前，是“人不独亲其亲，不独子其子”。这一句话的精神，不也就是临床医疗之外的“小区路线”这一类吗？

如果只有临床医疗，还是会有许多高姓少女，还是会有许多家庭悲剧。要真正改变这状况，还要有活络起来的小区和幸福感足够的社会。这就不只是政府的政策问题了，这是与每一个人都有关的态度问题了。

参考文献

①陈映烨 Ying-Yen Chen 等人 *Suicide in Asia*：*Opportunities and Challenges*，*Epidemiology Review*，2012，34：129-144。

这世界的性格愈来愈外向了

外向变成主流，但内向的那些美德，包括持续力或执行力，包括凡事有足够思考的习惯等，包括意志力和毅力，会不会愈来愈被忽略了？

在我还是小孩子的那个时代，小学还有一堂“说话课”之类的课程。我记得每次上课时，老师必然先问有没有同学要自愿上台说故事。老师会说：“自愿的请举手。”这时，同学们迅速将头低下，唯恐被点名。老师也理所当然地知道没人会主动举手，自然就开始点名，固定指定班上那几个擅长在大家面前说故事的人。

同样的状况也发生在音乐课。这就更令人困窘了。没有人要单独主动唱完一首歌，顶多站起来带头发个音就很了不起了。而且，这声音通常还有些紧紧的，甚至会出现稚童不应该有的破音或沙哑。

在那个时代，上台是一件令人害怕的事。现在的精神医学或心理学里，所讨论的“舞台恐惧”（Stage Phobia），在那个时代是我们应该要有的美德。那些急着举手要表现、每次抢着上台的，通常会被告诫或暗示说要很被动地等老师点名，否则会被人们认定是“太爱出风头了”，是一种不应该的行为。

性格的标准也是会改变的

人有性格，这个世界也有性格。

曾几何时，当这个世界变得愈来愈外倾时，我们的性格也愈来愈外向了。

我曾听一位社会学者朋友告诉我，近来社会学上有整个世界愈来愈外向的说法：愈来愈能够表达自我、愈来愈强调人际关系、愈来愈追求主动。我不知道这是哪位社会学者的说法，他原先真正的论点究竟从何而来？不过，这样的说法，确实让我看到了这世界近十年，甚至二十年来的许多改变。

同样地，在我们的社会里，那些没人举手的音乐课或说话课，已经不再存在了。最近电视的综艺节目里，像《百万小学堂》这个节目中，那五六个高年级小学生，不论男女，永远高举着手大喊“选我、选我”，似乎才是这时代小孩子的模样。

这改变是怎么产生的呢？

我想起卡拉 OK 的发明。据说卡拉 OK 是在 1971 年由日本人井上大佑所发明的。井上原本是伴唱的音乐家，像金门王那样的那卡西乐手，他发明这东西，顶替找不到乐手的场合。这种延续那卡西和伴唱带的科技产品，原本是提供给一群朋友或家人自娱的；或是在酒吧式的场合，取代小乐团，供女歌手娱乐客人，或是供客人唱歌自娱。这玩意很快传到台湾在内的东亚，再传到全世界。它传到台湾以后，卡拉 OK 慢慢演变成为 KTV。这是一种附有卡拉 OK 的独立空间，慢慢也成为全世界华人圈中，朋友或家人聚会时常去的地方，既是自己人的聚会，也是自己人娱乐的场所。

我自己的家族约是在二十年前，第一次在 KTV 举办家族聚会。当时，兄弟姊妹们各自虽然已有参加 KTV 聚会的习惯，不过，那是跟同学、同事或朋友，真的要面对家人唱歌，还是挺尴尬的一件事情。倒是三个侄孙辈：一个刚上小学，两个还在幼儿园，一起唱起当时最流行的歌曲，小虎队的《红蜻蜓》和《青苹果乐园》，又跳又唱好不自在。我们是长大才学卡拉 OK 的，他们这一代，却是出生在卡拉 OK 里。

我们的生活环境到处都改变了：从不敢上台，到全民唱卡拉 OK；从朋友聚会时开始出现抢不到麦克风的现象，一直到现在类似《星光大道》或《超级偶像》这种极为专业的比赛。整个台湾在变得愈来愈爱唱歌也愈会唱歌的同时，也变得愈来愈外向了。

现在，在台湾，对大众或陌生人讲话，不再是问题。尤其任何媒体的摄影机在任何社会事件的现场，当镜头一旦对准任何路人要他发表意见，几乎每一个人都可以侃侃而谈而不怯场。

同样的情形出现在电视上，出现在群众聚会，也出现在我们的日常生活里，包括家里或学校场合，孩子愈来愈有欲望去表达。

“内向”曾经是大家都推崇的美德

内向曾经是我们的民族性格。

腼腆、憨厚、不出风头、默默努力等，这些过去被推崇的美德，现在可以放在“内向”这个字眼下。这同时是西方人眼中的华人民族性格，是默默努力的美德，也是“一群没有面目的人”的负面刻板印象。

还记得法国电影《情人》（*L'Amant*）吗？1992 年由让－雅克·阿诺（Jean－Jacques Annaud）导演，他是根据前些年才去世的法国女作家玛格丽特·莒哈丝（Marguerite Duras，1914—1996）的回忆体小说《来自北方中国的情人》改编，由梁家辉和珍·玛奇（Jane March）主演。

莒哈丝这位在越南河内（当时是法国殖民地）出生的法国女子，描述了自己少女时代曾有过的激烈恋情。在电影镜头下，化身为十五岁中学生，还是未解性事的西方少女珍妮，面对恋情，反而显得大方、稳重，自然而奔放；倒是梁家辉所演的二十多岁已婚华裔商人东尼，却是害羞而局促不安，甚至因为他的犹豫不决才导致最后的分手。

这虽是西方人写的故事，是西方人眼中的东方人，但何尝没有几分真实呢？我们的民族性格，即使是面对少女的男子，曾经也是内向，甚至是拘谨的。

内向（introversion）和外向（extroversion）这观念，是由荣格正式引进心理学理论的。在他之前，包括瑞士诗人施皮特勒（Carl Spitteler，1845—1924）、德国哲学家席勒和歌德，甚至是心理学先驱威廉·詹姆士（William James，1842—1910），在他们著作中都曾提及这样的观念。但是荣格确实是第一个将这一切发展成有系统理论的人。

在和弗洛伊德决裂的前后，卡尔·荣格撰写了《心理类型》

（*Psychological Types or the Psychology of Individuation*）一书，直到 1921 年出版，他在书中提出了两种态度（内倾、外倾）、四种功能（感官和直觉 / 思考和情感）和两种方式（感知 / 决断）。这也是荣格十六型人格理论的来源。对荣格而言，他的目的倒不是要将性格加以类型化，相反地，他想强调的是每个人都有自己独特的存在方式，没有任何放诸四海皆准的准则。在这基础下，他才进一步讨论个体化（individuation，又译自性化）这个他早期理论中最重要，也是弗洛伊德学说中付之阙如的理论。

在内倾、外倾（或内向、外向）的态度上，荣格指的内倾，是关心个人内在世界，善于自省且透过反省来发展想法、独处自主的能力，个性实干又聚焦深入，且宁愿三思而后行。这样的人，不一定是独行一匹狼（loner），也不一定是害羞（shy），虽然内倾者当中这类情形比例是比较高。

相对地，外倾者则较关注外界的人事物，善于运用外在资源，在工作和关系上采取主动，有广泛兴趣，而且通常是先做了再说。同样地，他们不全是喜欢社交，也不一定是热情的。

改变的不是个人性格，而是社会意识形态

然而，整个世界愈来愈外倾了，我们的民族也愈来愈外向了。在这产生许多改变的同时，也产生许多新的问题和思索。

所谓世界愈来愈外向或外倾，是所有人个别的性格倾向，还

是社会意识形态的改变而造成社会规范的不同？更明白地说，现在心理学认为人类个别的性格大部分是先天形成的，也就是主要是由基因（也包括基因 – 环境的过程）决定的。如果大部分取决于天生的生物性，在理论上，人类的性格不应在这短短数代之间，就因为完成了达尔文所描述的基因选择，而产生明显的改变。

个人先天的性格在短短几代内的改变其实应该不大，真正改变的是社会的意识形态。就像胖瘦问题，过去中国唐朝的古画也好，西方从文艺复兴时期一直到 19 世纪末印象派画家雷诺阿的油画也好，呈现出的审美观都是女子丰满才是美。曾几何时，女孩子争相要瘦成像模特儿那样的纸片人，这愈瘦愈美的价值观成了新的审美标准。社会意识形态一旦改变，社会规范也就会改变。

还记得这些曾经在台湾流行的口号或成语或座右铭吗？“只问耕耘，不问收获”“默默苦干”“吃得苦中苦，方为人上人”“十年寒窗无人问，一朝成名天下知”……曾几何时，这些用来鼓励人心的话语，现在听起来变得十分突兀。

现在的这个社会要的是声音。选举到了，任何党派都在游街、发出自己的声音；在脸书、博客或微博上，人人都有意见；媒体任何一个镜头抓到任何一个人，都讲得头头是道；坐上出租车，每个司机都是政论家……

但是，至少三个问题来了。

外向变成主流，但内向的那些美德，包括持续力或执行力，包括凡事有足够思考的习惯等，包括意志力和毅力，会不会愈来愈被忽略了？

很多人变得外向，但不是每个人都能做到。然而社会规范都是愈来愈外向的。在过去，内向的人可以活得很自在，但现在却开始有不合社会规范的压力。临床上被判断为“社交焦虑症”的人，在中国台湾地区或韩国，近年都发现增加好几倍。这是第二个问题。

同样地，虽然大家愈来愈敢发声了，但是，这些声音背后的独立思考能力，是增加了还是减少了？还是只是迎合听众的反应，所发展出来的说辞罢了？

如果看看电视上那些名嘴，啥都可谈，啥都没有立场，似乎，这个问题是比想象中的严重。同样地，我们的学生愈来愈敢上台了，但他们说的是自己的想法，还是像鹦鹉一样拷贝别人的说辞？

世界变外向了，我们真的变得更好吗？

大家来跳舞

有“身体”的青少年，自然也就容易察觉自己的情绪，表达自己的情绪。没“身体”的青少年却是连自己的情绪都困住了，甚至到他们成为别人的父母时还是如此。

在诊疗室里，瑄颖和她的父母就这样吵起来，声音愈来愈高，最后是我忍不住出面才制止。我一方面问着父母，通常这情形，如果没有第三人介入，最后会是怎样的结果？另一方面，我暗自想着：怎么回事？怎么会谈到这个话题来？

引发双方陷入这种歇斯底里的情绪，只是因为谈到社团的选择。瑄颖提到当初要参加学校热舞社被父母阻挠，因为他们认为学跳那种舞，一定会干扰到功课。后来因此退出热舞社的瑄颖，功课还是一样慢慢落后。瑄颖才愤愤不平地说出这个引爆点："什么都依你们了，成绩就是不依你们，我有什么办法？"

瑄颖一家人的问题涉及的层面很广，包括父母的过度介入、过度保护和过度在乎成绩的单元思考。而舞蹈只是被这个单元思考所排挤掉的许多可能之一。然而，我却想起舞蹈在青少年生命中的重要性。

年纪愈大，身体愈别扭

有时候，我不禁想着，也许应该好好呼吁："大家来跳舞！"包括父母，还有小孩，都应该起来动一动。大家应该站起身子，双手举高，大摇大摆地动一动。

孩子还小的时候，他们四处跑动，学电视里的歌星扭腰，都可以获得大人们的赞赏。然而青少年以后，身体因为青春期的缘故，忽然拉拔长高。在这同时，身体也不知不觉不被鼓励有任何自发性的摆动，每个人对自己的身体也就没有保持继续熟悉的管道。于是，在身体变化最大的时候，青少年都忽然有一种集体的默契，全都进入一个忘记自己身体而呈现“没有身体”的状态。

如果有机会，我们到任何一间小学高年级或初中的教室去走一趟，几乎每个人都可以感觉到，在那样的空间里，聚集了一堆全世界最别扭的身体。

慢慢地，也许高中，甚至大学，这些别扭虽然渐渐减少，可是，身体的自发性活动也不见了。我们看到的是安静的身体，是被驯化成一套固定姿势的身体；一旦被放到不同的场合，身体又会暴露出不知所措的模样。

失去身体感觉，也就失去与情绪的联结

偏偏这是一个十分外向的时代，除了重视社交技巧，也重视外表。没有能力随兴摆动肢体，却可能十分重视身体和外表。身体只剩下形状、尺寸和名牌，却没有广泛的熟悉、没有触觉，也没有体觉（somatic sensation）。既然不熟悉也没有感觉，身体也就无法和自己的情绪做任何联结。也就是说，没有身体感觉，当然不容易察觉自己的情绪。

青少年的阶段是一个开始出现很多感觉的阶段。这些感觉

不只超越了过去所熟悉的领域，甚至常常还是彼此矛盾的。

经常，很多父母抱怨对小孩说啥都不对。问他们是否要往东，他们只是“唷”一声，不置可否；问是不是要往西，也是一样。父母不禁问：既然不是往东，为什么不是往西呢?

然而，对青少年而言，这种矛盾存在的想法是一种存在的感觉，只能意会而无法言传。在成长的漫长过程中，他们的“唷”只是放弃了表达：一方面找不到这感觉确切的状况，一方面也知道应付不来父母的性急。

孩子们有一天开始感觉清楚了，才开始学习找到适当的字眼去表达这丰富的矛盾。这时，他们才有能力回答父母说：“我觉得往东也不错，往西也不错，但又都不是那么百分之百喜欢。”然而，在完成这过程时，如果能先熟悉自己的身体，往往更能掌握自己的感觉，进而找到承载感觉的语言。

前一阵子有个机会去帮云门舞集舞蹈教室的老师们，上一堂关于青少年心理的课。云门舞集舞蹈教室创办十多年，当年的小朋友如今已是青少年了。我问老师们的心得，有位老师的分享让我印象十分深刻：“家长原本只觉得小孩喜欢来就继续上下去，有一天去了学校教室，才发觉自己已经上初中的小孩，站在同学里，就是跟人家不一样。”

家长说不清楚哪里不一样，老师也形容不出来，但他们都暗中欢喜。我想，那就是因为对自己身体的熟悉，整个人都自在多了。有“身体”的青少年，自然也就容易察觉自己的情绪，表达自己的情绪。没“身体”的青少年却是连自己的情绪都困住了，甚至到他们成为别人的父母时还是如此。

所以，我才想大声地喊：“大家来跳舞！”特别对眼前这个即将爆发的紧张家庭喊：“站起来，大家一起动一动吧！”

流浪在新世界的异乡人

走向世界，不一定就能走进世界。

走向世界，是旅行家的行径；走入世界，则是人类学家的态度。

每年圣诞节，我的心理门诊总会来几位海外归来的年轻人。这是欧美学校难得的长假，他们乘机飞回来咨询心理相关的困扰。

小豪是从西雅图回来的。在海外三年的寄宿中学后，刚刚申请到知名的大学。

在会谈室里，他描述了他乡异地生活的情形，一股孤寂的感觉自然涌现。

每天搭例行的公交车、走固定的路线、去一间没有任何熟识朋友的教室，甚至是到容易教他分心的上千人大堂听一些共同科目……

他唯恐我不相信，还拿出手机秀他拍的照片：人山人海的学生挤在一起上课；是他上课前抢到后面位子无聊时拍摄的。

这样的上课情形，我是知道的。更早以前，有一位多伦多大学的学生，还传了几张他们在三层阶梯座位的超级大厅上生物课的照片给我，同样也是抱怨这些名校居然有这么夸张的上课方式。这情形要是在台湾，就算是再好的名师开课，这样的方式恐怕也会让学生的父母们骂死学校了。

台北比西雅图好多了？

小豪开始怀念台湾，觉得台湾一切都美好。特别是这次回来和昔日台北美国学校的同学一起去夜店，逛了几晚后，更是感觉如此。

他强调说：“真的，比西雅图好多了！”

比西雅图好多了？

我脑海中立刻浮现电影《西雅图夜未眠》；想起星巴克咖啡和微软都是在那里发源的；想起连续几年这城市都被选为全美最适合人居住的城市；也想起台湾最伟大的诗人杨牧，他长居此地孕育出关于西雅图的许多作品。

我问小豪，他知道这些吗？

小豪茫然地看着我，安静了二三十秒，才迟迟地问：“真的吗？”

小豪从来没有真正走进西雅图这个城市。

小豪住在西雅图，然而西雅图对他而言只是学校、住家和机场三个个别的点而已；唯一的活动范围，只有连起这三个点的街道和交通工具。

小豪住在西雅图，却从来没走入西雅图，甚至没有贴近西雅图。

这样的情形，不论大留学生或小留学生，其实经常可见。我曾遇到一位从名列美国十大的普渡大学休学回来的小女生球球，她说待在那个学校里，自己甚至可以整个礼拜一句话都没讲。

球球说自己原本就容易紧张。那一年，忽然从美洲西岸离家到普渡，其实是她第一次一个人生活。原先在中学时，球球从台北转学到旧金山，还是妈妈两地飞来飞去地紧紧陪伴着，甚至买了一幢房子做暂时的家。

上大学那一年，妈妈觉得女儿该长大了，不再飞来陪伴；球球自己也觉得再央求妈妈来，若被未来的同学看见，也太丢脸了。只是，当一个人留下来开始生活时，特别是雪落以后，漫天盖地的一片雪白，她忽然感觉到自己的渺小，以及渺小到随时可能消失的一股强烈不安。

在这辽阔的大学小城，生活本来就是很单调的。学校的设施十分丰富，甚至拥有两座十八洞的高尔夫球场。但对不打球的人来说，这样的广阔空间，只是徒然增添寂寥感受，而忧郁，也就不知不觉地袭来了。

走向世界，不一定就能走进世界

要如何解释球球和小豪在陌生地域产生格格不入感觉的现象呢？

是他们原本就适应不良？

球球原本就是内向害羞，是所谓高敏感性格的。但小豪却不是，至少谈不上内向，甚至认识他的人都觉得他是爱交朋友的。

也许，我们可以从另一角度来想想吧！

我们的社会愈来愈开放了，要走到世界任何角落，至少比过去容易许多了。

在20世纪70年代，台湾还处于戒严时代，要离开这个岛屿是相当不容易的事，连要靠近被海防部队所看守的海岸都是不可能的。那时，作家三毛风靡一时，她在撒哈拉沙漠的旅行手记，成为大家将自己的出走欲望投射其中的阅读。

在那个时代，我们都以为，只要拿得到护照和机会，每个人都会飞去北非，成为贝都因人；会游到爱琴海，只是单纯地躺在沙滩上；或是走进亚马孙河的热带雨林，就再也不回头了。

台湾解严以后，旅行果真是愈来愈容易了。而这同时，开放自由竞争的航空公司，带来更多的航线；愈来愈多的国家，提供免签证的旅行入境；网络的发达，人们可以做好事先的准备，包括订好住宿和交通等；愈来愈多的旅游信息，也让人可以先做好行前的功课。

旅行愈来愈方便之际，我们社会的年青一代，应该有更多的三毛，更多人在四处旅行，更多人投入探险家的行列。

而事情的发展，也果真如此：更多人，在路上。

当世界的门为我们打开时，走向世界愈来愈可能了。于是，我们看到《交换日记》，我们也有从撒哈拉到北极跑马拉松的林义杰。只是，有多少人真的上路了？或者说，上路的人是全部的多少比例？

更何况，走向世界，不一定就能走进世界。

走向世界，是旅行家的行径；走入世界，则是人类学家的态度。

当旅行家走进世界角落的某一城市时，他看到了异国情调的同时，当地人也在他身上看到了不同方向的异国情调。当人类学家来到世界尽头的另一个村庄时，他慢慢变成当地风景的一部分，而当地人也经常不小心就将他当成自己人了。

在这时代，许多像球球、小豪这样的青年走向了世界，也许勉强将自己振奋为旅行家的心态出发上路，却没有像人类学家进入、观察和体会身处的那座城市的意向。

然而，他们留了下来。不知不觉成为这城市永远的异乡人，陷落在法国存在主义大师卡缪笔下格格不入的困境里，甚至是布拉格作家卡夫卡的城堡里，是出不来了。他们永远没有成为当地人，永远是怀念台北的异乡人。

从留学谈尊重

不晓得这些因为各种理由送小孩到欧美的父母，在观看林书豪旋风时，可知道自己正值青少年或青年的子女，其实正面临同样的种族歧视？

凤飞飞的去世和林书豪的崛起，似乎成了2012年寒冷2月的台湾一种代替的取暖方式。

凤飞飞是典型的国民歌后，是这个岛屿共同记忆的重要部分；当这个失落成为人们共鸣的缘由，哀悼中的众人自然会有一种聚集在一起的感觉，一种不再疏离和孤单的温暖。

林书豪的奇迹崛起和谦卑的态度，则是结合成另一种温暖。他过去长期被忽略的事实，和他球场上不可思议的能力，相对于他将一切归于信仰的谦卑，更让所有观众（不只是台湾）都拥有了恢复动力的能量，对未来开始有了充足的企盼。

挥之不去的种族歧视

不过，即使阳光如林书豪，在几乎没有任何负面情绪的态度里，他在 2009 年 ESPN 专访时，还是忍不住讲了一些成长过程中遭遇的种族歧视，像是被称为“糖醋排骨”“馄饨面”和后来 ESPN 的“Chink”这类的称呼，林书豪直接说这是“种族嘲笑”（racial jokes），是“种族羞辱”（racial slurs）。这大概是最有情绪的一次吧，即使口气是平淡的！

而凤飞飞去世后，媒体经常提起她在英国读书的独子赵玟霖。有一本周刊杂志甚至列表出来，将徐乃麟等诸多影剧人物如何送子女到国外就学的详细情形，甚至是相关费用，都整理成一目了然的表格。

不晓得这些被一心求好的父母送出去的小孩，他们是如何面对林书豪口中的种族歧视？

被剔除在白人、黑人、拉丁裔之外的亚裔

移民到欧美社会的华人青少年，几乎不可避免地会遇到这个族群问题。不论是第二代以英语为母语的 ABC，还是年幼才跟父母或因读书到欧美社会定居的，无一例外。然而，这却一

直是一个没被讨论的问题。

一个普遍存在却没被讨论的问题，是集体的自我欺骗。对大人来说，这是不得不的选择，是以理智权宜利弊之后的选择。但对小孩而言，却是不同的。

这问题没形成话题，小孩也就从不明白。等到他们长大了，他们会以为一切的问题都是自己招惹的，是自己太笨、不聪明，是自己太逊、能力不足，是自己太矮、身材不够看，等等。总之，都是自己的错。于是最后只能一个人躲在角落，舔自己的伤口。

在临床工作里，常常遇到这样的个案。他们也许成长为大人了，却还是面临这个问题。他们也许找到适当的方式自我治疗了，也许在国外遇到对这样的文化议题够敏感的治疗师，或者，也许像我的个案们一样，要利用圣诞节这类假期回来寻求协助。

有一位在北加州长大的第二代，他用英语跟我叙述自己在小学五年级的某个早上，忽然发现先是白人朋友愈来愈不跟他来往，后来是黑人朋友，再后来是拉丁裔，最后他只能和一群不太讲英文的刚从亚洲来的人做朋友。

另一位个案原本也可能成为林书豪的。他在圣路易的某一中学校队许多年了。升十年级那一年，黑人教练跟他说：“奖学金就留给别人吧，亚洲人是很会读书的，自己去努力吧。”从此，他就被赶出校队。

这种种族区隔随年龄逐渐严重，到了大学才慢慢趋缓。

不晓得这些因为各种理由送小孩到欧美的父母，在观看林书豪旋风时，可曾知道自己正值青少年或青年的子女，其实正面临同样的种族歧视？只不过，不论他们遇到的歧视或轻或重，他们大多没有林书豪的篮球能力来赢得同侪的尊重，也没有林书豪的哈佛学历。

如果是这样，他们要如何熬过自己漫长的青春呢？

面对未来
需要执行的毅力

有时一心追求完美而太过谨慎，梦想因而变得太小，不知如何让生命有一个有意义的目标；有时却好高骛远，怀着太大的梦想，却只有太不足的执行力。

这一天的会谈，老实说，我自己有点阻抗，不太想见这个个案。我知道这是不应该的，但这感觉确实存在。这个个案是小艾。

已经会谈一阵子的小艾，依然总向我抱怨她的不足。

这已经是第二年了。去年她就该完成硕士论文，却又毫无理由地拖了整整两年。两年前她来找我，是因为严重的忧郁症状。当时，依她硕士课程，是开始半职实习的时候。原先在学校里，无论上课、考试、写报告，她都表现得十分杰出，甚至是太完美了。没想到实习的第一个月，这个优越的成就感就被击垮了。

刚去实习时，有一次带领实习的公司干部跟大家讨论市场规则，提到原来在宏碁任职后来被资遣的执行长意大利人兰奇（Gianfranco Lanci），干部问大家说：“为什么宏碁质疑他的能力和诚信，而联想集团却愿意高价聘他为顾问？”

她说，自己从没听过这些人名或品牌。没想到那些平常成绩比她差的同学，却能够你一言我一语地讲得头头是道。从此，即便是回到昔日意气风发的教室，所有曾经拥有的自信全都碎裂不见了。

追求风光可能是一种陷阱

在过去的日子里，小艾一直都在追求绝对的优越，一种近乎完美主义的追求。只是，她的完美是在有限的圈子里，是只包含了传统学校教育的小小圈子。在过去，只要是在这个圈子里，她便要求自己是绝对的卓越。

然而，圈子以外的世界呢？

在辑二提过的德国女精神分析师卡伦·霍妮，是德国汉堡市附近的小村 Blankenese（目前已经是汉堡的高级住宅区了）出生的日耳曼人。她爸爸是个船长，十分传统，脾气也极差，孩子们昵称他为“扔《圣经》的人”。妈妈相对较开明，但也重男轻女。

根据霍妮青少年时期的日记，爸爸是“一位十分残酷要求纪律的人”，很少流露感情，只会从世界各地（因为是船员）带回许多礼物。九岁那年，霍妮自觉不可能美丽出色，决心投入智力活动，于是开始不自觉地对哥哥们挑衅；觉得被羞辱的哥哥，经常将她反羞辱一番，让她陷入第一次的忧郁。

在霍妮的理论里，她提出“追寻荣耀”的观念，认为对理想自我（ideal self）追求实现的驱力，是种精神官能症的或神经质的追寻。

“所有为荣耀努力的驱力，共同点就是获得比一般人更多的知识、美德和权力；一切驱力的目标都是‘绝对的’‘无限制的’‘无止境的’。”于是，完美的需要、病态的企图心和拼得你死我活的胜利驱力就出来了。

“追求完美的需求，变成了一股强大驱力，将整个人格塑造成理想化自我（idealized self）。精神官能症患者对只做一些改变是不会满意的；没有完全的完美是不可能接受的。他们为了完美，高举了许多‘应该’（shoulds）和‘不应该’（should nots）的旗帜。”霍妮将这种现象命名为“应该的专政”（tyranny of should）。

霍妮也许就是在谈她自己年轻时的傲慢，以及随之而来的痛苦。霍妮这些十分原创的理论，其实就是来自她自己的血泪成长经验。

不是每一颗种子都是橡实，可以长成高大的橡树

小艾的情形，可以用霍妮的“追求荣耀”和“应该专政”来理解。

在她的世界里，绝对的完美是人生的基本条件。我们在一开始的会谈后，她明白了自己要走企业管理这一行，势必要对外在的社会，特别是商业世界，有更多的理解。于是在我的建议下，她开始阅读《商业周刊》和《天下》双周刊。

没多久，她放弃了。对她而言，这些杂志的每一篇文章都说明了一点东西，但又带出十多点她竟然不懂的“基本”背景知识。她说：“我应该要懂的，怎么现在全都不懂？”

唉，又是一个“应该”！我内心深处不禁有了这样的反应。

小艾这情形其实是很普遍的。

这些年来，随着心理知识的发达，加上信息社会带来的各种信息，每个人似乎都有着应该要将自己潜能完全发挥的信念。然而，即便完全发挥了，也不是每一颗种子都是橡实，可以长成高大的橡树。有时，一心追求完美而太过谨慎，梦想因而变得太小，不知如何让生命有一个有意义的目标；有时却好高骛远，怀着太大的梦想，却只有太不足的执行力。

对自己的内在，不应只是相信潜能，还要了解自己的潜能，

包括可能的才华与限制。对于存在于我们之外的这世界，究竟样貌如何，可能的趋势是如何，也是我们必须理解的。

如果单单只是强调发挥潜能，恐怕容易变成霍妮所说的“追求荣耀”，因为小孩在成长的过程中，他们只了解如何获得荣耀而赢取掌声（理想），而不愿去了解真实的世界。因为了解真实的世界，可能让他们觉得原先的荣耀逐渐褪色，因此让他们失去荣耀的感觉。

用各种方法否定生活圈外的社会

小艾想要从事商学活动、从事企业管理，难道她不曾意识到外面有一个热闹而精彩的社会，需要去了解？甚至，在她实习时，那一股冲击的力道，仿佛是她第一次知道原来还有一个外在世界似的。

人的心理防卫机转是奥妙的。弗洛伊德在 1924 年的著作《精神官能症和精神病的现实丧失》中，就提到“否认”这个观念。这个字在德文里是 verleugnung，是对现实存在的事物，特别是有创伤性作用的，拒绝承认它的现实存在。英文将这字翻译成 denial 或 disavowal，直译成中文是“否认”。

但是中文的“否认”，是明知其有却拒绝承认。也就是说，在意识层面就知道它的存在，只是不承认而已；更不用提潜意识或无意识层面。但弗洛伊德这字的意思是全然没感觉到它的存在——因为不存在，创伤也就不曾发生。因此，国内一些学者（陈传兴等人）主张应译成“拒认”或“拒认现实”，来取代可能误解的“否认”。

对小艾来说，她从小成绩一直名列前茅，也就是处在霍妮所谓的“荣耀”状态。她想追求、想维持这荣耀，再加上我们的父母和社会教育小孩的态度是“先读好书，其他以后再说”，于是在成长过程中，虽然经常有瞥见外在社会的机会，但看到的刹那，那光芒是如此刺眼，几乎要摧毁掉小艾原来世界的荣耀，小艾也就不自觉地用各种方法去否定这一切。

初中时，女同学开始讨论日本偶像团体时，她立刻觉得十分不屑，认为低俗；高中女同学开始看《侬侬》杂志，学如何打扮化妆时，她觉得她们好不上进；男同学开始疯打球或热舞时，她觉得“不学无术”。总之，她永远有许多理由去贬抑这些可能打开潘多拉盒子的活动，永远不必去看到自己生活圈子外面的这个真实存在的社会。

只要拿起桨开始划，
不管朝哪个方向，都会抵达新陆地

我坐在会谈室里，看着沮丧的小艾。

如今她是发现外面的世界了，但她现在觉得外面的世界是那么遥远。她觉得自己被海洋包围着，不论东南西北、

三百六十度，陆地都是遥不可及的，几乎怎么划水都不可能的。她甚至开始怀疑心理治疗的帮助，暗暗责备治疗师害她白白浪费钱订了两本杂志。无意识里，她想讲的是治疗的钱和时间全浪费了。

我想起梅格·洁伊（Meg Jay）的《20 世代，你的人生是不是卡住了：你以为时间还很多，但有些决定不能拖》（*Defining Decade*：*Why your twenties matter and how to make the most of them now*，天下文化出版），建议她可以去买来看。

她流露出犹豫的眼神，我便接着说："你可以去书店先翻翻，觉得值得再花钱。"

我心里想告诉小艾，过去的荣耀是不可能回去了，因为她的世界就像潘多拉的盒子，一旦打开就不能改变，再也回不到过去让她荣耀的小小而封闭的状态。然而，她要坐在原来的世界，等所有的荣耀随着岁月和年纪而全部流失呢，还是开始拿起桨，慢慢地划？

我想了想，还是告诉她。小艾更是不高兴，以为我责备她不够努力。

我想告诉她，她会愈划愈上手的；而且，不管往哪一个方向，都可以到达新的陆地、新的荣耀。只是我知道，这一刻的她，还听不进去这些。我希望她下一次会谈的时间依然会来。也许那时她怒气消散了，正是我可以深入面质询问这一切的好时机。

生活在不确定的时代里

这一切原本是十分让人祝福的人生，可是，慢慢地，一切开始走样，像一首走调的弦乐协奏曲，渐渐找不到它原来应该有的主旋律。

今天一早十一点，我安排了许久没见的老个案。就像当年一样，杰森还是十分容易焦躁不安，一开口就结结巴巴的。不同的是，现在的他不再为自己的焦躁而紧张了。他知道，自己就是不擅长讲话，知道自己会结巴，知道自己容易在社交场合焦虑；他知道这就是他。

然而，现在结巴跟当年第一次心理治疗时所不同的是，他知道每个人都不同，各有所长，也各有所短。而他就是这模样，不必去管别人如何看他，不用去在乎这一切。他知道每个人都不可能是完美的；他也知道，每个人也都跟他一样，有自己引以为傲的特长。

当年因为社交焦虑来求助的杰森，这次的临时约诊，是因为自己的职涯遇上一次不容易决定的抉择，不知是否该转换跑道，才又回来找我咨询的。

汰换的速度比学习还快的专业

杰森智商高，学习勤快，只是向来腼腆。升大学时，没多想，就随大家挑选了当时最热门的科系。待大学毕业，成绩不错，也就跟随同学依当时行业的热门程度，挑了相关硕士课程。于是，毕业拿到硕士，他很自然地就加入了某家知名公司，是当时股市最抢手的几家上市公司之一。

没想到几年过去了，当年的股王变水饺股；当年烜赫一时的公司，也就变成了经常因资遣员工而上报的公司。

这些年来，台湾高科技产业洗牌之迅速，超乎人们的想象。当年高科技产业出现时，传统产业被半讽刺地形容为“夕阳产业”。没想到，那些来势汹汹的高科技产业，黄金寿命根本不到二三十年。夕阳还没掉下山，新的朝日却比流星更迅速，就要不见了。

这样的现象是过去所未见的。

一个行业的消失，通常是经历了人类社会的重大变迁才发生的。而且，这重大变迁之所以发生，不是要历经社会变迁的缓慢过程，就是社会发生十分激烈的破坏。

关于行业缓慢变迁的典型例子，在农业社会转变到工业社会时经常可见。当年，许多行业随着社会变迁消失了，包括养公猪做精种的牵猪哥人、泅水采珠或逐浪采海带的海女、牧牛的小孩等，这都成了怀旧的题材，出现在黄春明或其他乡土小说家或画家的笔下。

至于激烈消失的，大多是因为战争或严重饥荒等灾难，或是生产工具的革命带来结构性的改变。很多民俗曲艺，因为该行人数有限，很可能因灾难而一起消失，更可能是失去了懂得欣赏的原来群众。同样地，建筑材料里瓷砖的发明，造成磨石子功夫没人继承而失传；而瓦斯取代煤炭后，做煤球的技术也没人知道了。

社会学者似乎还来不及讨论这些现象，心理学有关生涯规划的这领域也还没发展适当的策略，倒是第一线的临床工作者，透过诊疗室里个案叙说的血淋淋人生，反而最早亲身遇见而被逼得不得不思考了。

生命中“关键的十年”

这一次见面，杰森已经三十二岁了。

他当年二十七岁入行，典型的读书人生涯：四年大学、三年硕士，再加上一年到两年的服役。前年在跨入三十岁前一刻结了婚，典型的“三十拉警报”（Age Thirty Deadline）。

这原本是十分让人祝福的人生，可是，慢慢地，一切开始走样，像一首走调的弦乐协奏曲，渐渐找不到它原来应该有的主旋律。

他结婚，很快地有了一个小孩，因为太太希望小孩的成长能够贴近大自然，因此在工作的城市买了一间独栋住屋。没想到，随着行业的变迁，过去可以高达二三十个月月薪的年终奖金，现在只剩下六个月，而今年将更少；过去十分滋补的股票选择权，如今也因股价大跌而大为逊色。他开始担心未来房屋的分期付款、预期安排小孩就读学校的昂贵学费，还有未来的许多支出。

在会谈室里，我们讨论了换公司或转专业的可能性。可是A选择的收入只有目前的一半，B选择的入门门槛还要加把劲。我们也讨论了去大陆或去美国的可能，但总是有原因阻挠而不可能前进。

会谈的时间快到了，问题还是悬宕着。我抬起头来看看杰森。天呀，三十二岁了！望着这张熟悉的脸庞，其实还看得出当年认识他时，那股高中生的青涩模样呢。他的生命周期却已经从离家独立进入成家累积了。

发展心理学者将一个人的生命，分成不同的阶段，像是一个过程。

这样的生命周期，有很多不同的解读，也因此可以带给我们很多不同的感受。

人们的青少年期愈来愈长，而独立成人变得愈遥远，社会学者亚奈特（Jeffrey Arnett）在2000年提出“成年涌现期”

（emerging adulthood）这一新阶段。他认为，基于现代社会对个人的能力要求愈来愈高，进入社会的条件也就愈来愈严苛。

前文提到，最近看到一本书《20世代，你的人生是不是卡住了》原文书名意为“决胜的二十来岁”，却对这样的说法提出完全不同的主张。作者梅格·洁伊是一位精神分析取向的心理治疗师，目前在美国弗吉尼亚州执业。她认为二十到三十岁这十年，是“关键的十年”，三十岁以后的生命则依循这十年的足迹，并没有太多的改变。更重要的是，她认为迟迟成熟的生命，反而造成日后在追求自己生命的完成时，会出现时间不够的情形：在生理上，衰老和不孕将剥夺退休的追求和为人父母的乐趣；在心理上，将结婚、定居、赚钱、购屋、育儿……都挤压在三十到五十岁，是极其不可思议的压力。

同样的现象，却有全然不同的看法。

社会学者亚奈特从年幼这一端，望向成年，望向老年；而心理治疗师洁伊则是从耳顺之年，回过头来检视，我们要如何度过年轻岁月才会有美好的一生。

的确，在我自己的经验里，也看过洁伊说的情形。

燕南是我一个乍看十分年轻的四十五岁个案。在他决定结束向来被周遭亲友视为花花公子行径的恋爱生涯，下定决心与现任女友结婚时，心里最恐慌的是小孩子的成长。

燕南说：“当孩子十二岁可以打篮球时，我已经五十七岁了。当年我爸爸三十岁生我，在离婚以前一直都陪我做各种运动。他带儿子是如此身手矫健，而我，到时候会不会显得老态龙钟？”

身份认同资本可以买到职位或感情生活？

娟娟是我从小看到大的个案，现在都快三十岁了。

这并不是说娟娟从初中二年级就一直找我做心理治疗。她是每隔几年，有了一些重大的决定或难解的议题时，就会重新开案，谈个两三次。

因为是从小看到大，不知不觉地，我自己的反向移情也就来得特别容易。

一年多以前，在她面对自己茫茫未来的生涯时，又一次陷到谷底。我熟知她的困扰，也熟知她的天赋，忍不住就介绍她到我朋友的公司，一个颇有前途也很适合她的行业。

没想到，做不到一个月她就很为难地表示要辞职了。我几乎要抓狂了。但还好之前我的督导才和我谈起我对她的反向移情（指介绍工作给她一事），才让我抓紧了自己满满的情绪，可以平静地告诉她说：“没关系，觉得人生不值得如此操累也是一种选择。人生，正如你说的，不一定每一个人都要出人头地。”她又回到原来抱怨的无聊工作，只是不再抱怨而已。

不巧的是，到了年底，公司老板决定结束企业里这个不赚钱的小公司。她又一次心情荡到谷底："没想到，要过一个平凡的生活，都那么不容易。"

洁伊，这位美国治疗师的年龄看起来应该很年轻，但她倒是引用了不少 20 世纪 50 年代美国精神分析盛行的理论，特别是新弗洛伊德学派的她采用了加拿大西安大略大学社会学教授科帖（James E. Cote）对艾瑞克森（E. Erikson）自我认同理论的延伸，而提出来的自我认同资本（identity capital）理论。对艾瑞克森而言，从青少年到青年的阶段，是自我认同的形成（identity formation）。科帖则进一步提出自我认同资本的说法，认为我们随着年龄所累积的个人技能资源，将是进入成年人世界 / 学校外的社会的最重要装备。按洁伊的说法："身份认同资本像货币一样，我们可以用它买到职位、感情生活等想要的东西。"

所以，对洁伊来说，青少年或青年阶段的发展，最重要的不是自我认同是否形成，最重要的是自我认同形成过程中所累积的资本。

杰森虽然好不容易克服社会焦虑而进入某大公司；可是，因为自我认同资本的不足，虽然有相当的工作资历了，应付起时代变迁还是十分吃力。

至于娟娟，更不用说了。她的自我认同资本就是不足以面对眼前社会，只好躲在边缘的缝隙里。原本盼望从此静悄悄地平安一生，这样谦卑的梦，却还是被浪打散了。

辑四

焦虑的父母，偏差的教养

父母共同的噩梦：孩子如何成功

不分中外的父母都有着一个共同的假设：孩子进入好的学校，就是未来成功的保证。然而，为什么进入这些学校就是成功的保证？还有，结果真的如此？

每一年过完新历年，许多父母都开始紧张起来：要找哪些门路，有哪些动得了的人际关系，可以将小孩送进好的学校。过去是小学和中学，父母们必须早早设籍到好学区，甚至买房子，或找有力人士关说，等等。

同样情形也出现在美国。许多上流社会或重视教育的父母，趋之若鹜地将孩子送到最好的学校，不惜任何代价，也导致私校学费节节高升。2011 年 6 月许多报章杂志都刊出一则消息，纽约布朗区 Riverdale 这所私立学校将每年中学生的学费提高至四万零五十美元。这是美国私立中学学费首次破四万，也成了轰动一时的消息。五年前，这学校“才”收三万美金而已。

2011 年同一时期，《纽约时报》也报道，在纽约市，精英级的家教费用是每小时八百美元。

这样的指标性新闻指出美国私立中小学供不应求的现象，甚至连最贵的大学都比不上。同一年普林斯顿大学年学费是三万七千元，哈佛是三万五千元。

这一切现象反映了什么？不分中外的父母都有着一个共同的假设：孩子进入好的学校，就是未来成功的保证。然而，两个问题来了：为什么进入这些学校就是成功的保证？还有，结果真的如此吗？

父母们认为，进入这些昂贵的精英学校之所以代表未来的成功，是指他们的小孩将可以获得好的成绩，进而拥有好的学历；其次，是指他们的未来将拥有好的人脉关系，有助于未来发展。最近新北市某一私立双语学校，大力宣传他们今年终于出现的第一届毕业生，有多少比例是申请到多少美国常春藤大学和其他百名大学，就是一个典型例子。

成绩优异不代表日后的成功

然而，许多调查却不断地打破了这样的迷思。

在 20 世纪 70 年代，曾经有一个调查追踪所有哈佛医学系毕业生的成就。这研究发现历届成绩杰出的学生，也就是每届前五名，几乎都是一般城市医院的主任或开业医师。后来成为美国医学界重要人物的，跟他在医学院表现最有关系的因素，反而不是成绩，而是在学校时社会参与或社团活跃的程度。

同样地，2013 年美国出版的一本书《孩子如何成功：让孩子受益一生的新教养方式》（*How Children Succeed：Grit，Curiosity，and the Hidden Power of Character*，远流出版）作者保罗·塔夫（Paul Touph）却提出不同的看法。

他拿 KIPP 这样随机抽样入学的公立学校，和前述的 Riverdale 这一类的私立中学做比较。

像 Riverdale 这样的私立名校，入学是要抢破头的。除了考试成绩，最好还有一堆推荐信函，再加上付得起昂贵学费的证明。这里学生皆出身富裕家庭，父母多为白人且皆大学毕业之专业人士。

KIPP 是“知识就是力量之升学计划”（Knowledge Is Power Program）的缩写，是 1994 年在休斯敦一所公立中学开始的，当时只是想要探索：对这样公立学校的学生来说，有什么是可能的?

两位创办人范博格（Mike Feinberg）和列文（Dave Levin）从常春藤名校毕业时，美国的教育危机正严重，公立中学成为劣质中学的代称。他们体认这问题的严重性，一毕业就参加“为美国而教”（Teach for America）这个美国志愿教师组织的第三期教师培训班，然后到波士顿的一所公立学校教书。

他们两人发展出 KIPP 的理念，“希望能创造出这样的教室，可以帮助孩子们发展好的知识、技艺、品格和习惯，好成功地完成日后的大专生涯，为他们的小区建立更好的明天”。

在休斯敦这所公立中学的尝试后，次年，1995 年，在纽约和休斯敦都有一间 KIPP 中学。1999 年，纽约市的八年级学业成就测验中，KIPP 的学生成绩高居纽约市布朗区的首位，在纽约市是第五名。对于一所设在贫穷小区，入学是用抽签而不设任何入学条件的学校而言，这简直是百分之百的“美国梦”。这新闻立刻登上《纽约时报》的头条，电视节目《六十分钟》也立刻报道，著名服装连锁店 GAP 两位创办人多莉丝 · 费雪和唐纳 · 费雪（Doris & Donald Fisher）因而决定投资数百万美金，将 KIPP 的教育理念推展到全美国。到 2013 年为止，KIPP 已经遍布包括华盛顿特区在内的二十州，共一百二十五所学校，四万一千名学生。

七项预测成功的能力

KIPP 学校，和昂贵私校比起来，有什么不同的教育成果呢？

KIPP 不是万能的魔术。它的第一届学生，还是有不少读不完大学就中辍了。然而，私校毕业生多是平凡的像样表现，多是医师、律师这类的专业精英，而少有杰出不平凡的人物。而 KIPP 的毕业生虽然不乏凡人，但其成就的范围却大多了。KIPP

毕业生出了不少风云人物，从艺术家、政治人物、新科技发明家，到活跃的社会运动领导人物。

为什么会这样呢?《孩子如何成功》作者塔夫指出许多可能性，其中一点也许是父母可以深思的：这些知道永远有安全网保护自己的私校学生，发现相较于出社会打拼，拿好成绩和与老师相处，是容易多了，于是停留在学校而不往前。他们也因此不会去学那些在社会上可以帮助成功的技能。

KIPP 一直在修正他们的教育理念和方法。他们修正的方法是以十分科学的方式来进行。2002 年冬天，KIPP 第一届学生将毕业时，KIPP 的财务顾问，也就是列文的弟弟，送了一本正向心理学大师赛利格曼（Martin Seligman）的著作《学习乐观，乐观学习》（*Learned Optimism*，远流出版），作为列文的圣诞礼物。从此，正向心理学的理念影响了 KIPP。他们对教育的探索，是和达可渥思（Angela Duckworth）、皮特森（Chris Peterson）和赛利格曼三位正向心理学重要人物的团队合作。

这些年来，他们一起研究，提出七项可预测孩子未来是否成功的能力，以及如何拥有这七项能力的方法：

热情（Zest）：以兴奋和能量来迎接生命；感到生命力和整个人是启动的。方法包括：积极参与、展现狂热、激励别人。

自我掌控（Self-Control）：对自己的感受和所作所为都加以节制；建立自我纪律。方法包括：社会工作，做好课前准备，集中注意力而抗拒分心，记牢并遵守指示，今日事今日毕，维持人际关系，即使被批评或挑衅也维持心平气和，让别人说完话而不打断，对成人或同侪有礼，随时注意自己的脾气。

感恩（Gratitude）：对任何机会和任何发生的好事都加以察觉，并且感激这一切。方法包括：找出别人的好并表示欣赏，对所有的机会都能够察觉并表示感谢。

好奇心（Curiosity）：对新事物的体验和学习单纯地有兴趣，找到让自己着迷的东西。方法包括：热衷于新事物的探索，通过提问和回答来加深理解、积极地倾听别人的想法。

乐观（Optimism）：期待未来最美好的一切，并且努力去取得。方法包括：克服挫折而快速恢复，坚信努力将有益于明日的一切。

毅力（Grit）：有始就有终；不顾一切阻挡来完成任务；持续力和韧力的结合。方法包括：一旦开始一定做完，在失败后更努力，全然聚焦独立作业。

社会智商（Social Intelligence）：对他人和自己的动机与感觉是察觉的；有能力对大小团体里的现象加以推断。方法包括：与别人冲突时有办法找到解决之道，对别人的感受展现出尊重，知道何时和如何结识别人。

除了这七项能力，赛利格曼等人也帮忙辨识出很多重点，建立很多操作方法，包括品格教育的七种方法等。

父母处心积虑的努力其实是没用的

20 世纪 70 年代哈佛医学系的研究，证明 IQ 或学业成绩对未来成功的影响，远远比不上社会能力的重要性。KIPP 和 Riverdale 这两种教育体系的例子也指出，父母任何尽心尽力的安排都比不上孩子自己的某些能力，例如毅力等。

而我们的父母又是如何呢?

想想我们大学里那些不断延毕和不断修硕、博士的学生，不也是这样吗？太认真的父母，也许该小心自己的努力是耽误了小孩的未来。

贫富差距带来的两种家庭

台湾家庭的经济状况，也许不再是二分为经济富裕的家庭和经济不足的家庭两种，而是经济条件普遍不足下，仍勉强支撑的家庭和撑不下而放弃的。

抚养孩子变成一个经济问题，恐怕是过去的人们很难想象的吧。

台大精神科的门诊过去的一位个案，回来找我谈话。

皓原是四五年前，和母亲一起来找我做心理咨询的。他们母子因为皓原新结识的女友而发生了冲突。那一阵子的咨询中，皓原慢慢意识到，因为他经济上仍然对父母十分依赖，母亲也乐得借此操纵他。自己这次认识的女孩子虽然确实条件不如自己，但一来他不自觉地对母亲恼怒、与她唱反调，二来没自信，觉得条件优秀的女孩是自己控制不来的，因此执意要跟这女孩交往。当时的会谈，最后是母亲没付最后一次费用就拂袖而去。她虽然没说出口，却很清楚地认为，儿子最后虽如她所愿地离开了那位女孩，但治疗师终究还是背叛了她这位埋单的人，竟然导致儿子搬出家门不再受她掌控。

皓原离开家后，我们仍继续了一阵子的会谈。当然，咨询费用降到对我而言是少见的低，因为这样的数目对独立后的皓原，已经是不算小的一笔开销了。

皓原这次来，是为了和他同居一年多的现任女友。原来，两周前，女友发现自己怀孕了。他们为了是否堕胎，两个人陷入十分矛盾的情绪。女友知道皓原还不想结婚，还想在工作上多冲刺两年；皓原则觉得自己很自私，不但牺牲了女友的幸福，还可能“谋杀”了（这是他的用词）一个来不及长大的生命。

我问道：“到底怎样才是准备好了，可以结婚生子？”

皓原回答说：“我也不知道，但总是要给妻子和孩子一个像样的环境。”

我们谈了一阵子，对话中掺杂很多算术。总之，我告诉皓原，依现在的薪资结构和房屋售价，他所谓“准备好了”的情形是永远不存在的：“于是有一天，你发现女友年纪大了，再不结婚就对不起人家；有一天，你发现太太年纪大了，再不生小孩就成为高龄产妇了。”

关于结婚生子这些事，生活在这样的社会，大概永远不会有“准备好了”这一回事。然而，我告诉皓原，有趣的是，大部分的人虽然都觉得自己还没“准备好”，是被迫结婚的，但这时结婚生子，好像后来也没有比较不好。

对中产阶级的未婚男女来说，结婚生子最大的阻碍，大概就是经济问题吧。在中产阶级的理念里，对自己的角色是十分有责任感的，原本是这个资本主义社会中的一种美德。只是，当生活愈来愈不容易，这样的责任感反而成为现代社会中“晚婚、少子”的原因了。

尤其这些年来，社会的贫富差距拉大，再加上生活成本提高，结婚生子更是全因为这样的经济环境给耽搁了。

贫富差距不断在拉大

台湾官方对贫富差距的否认，一般是依据吉尼系数（Gini coefficient，又译基尼系数）。这是 20 世纪初意大利统计学者吉尼（Corrado Gini），根据劳伦茨曲线所定义出来的，判断收入分配公平程度的指标。吉尼系数是比例数值，在 0 和 1 之间。

劳伦茨曲线

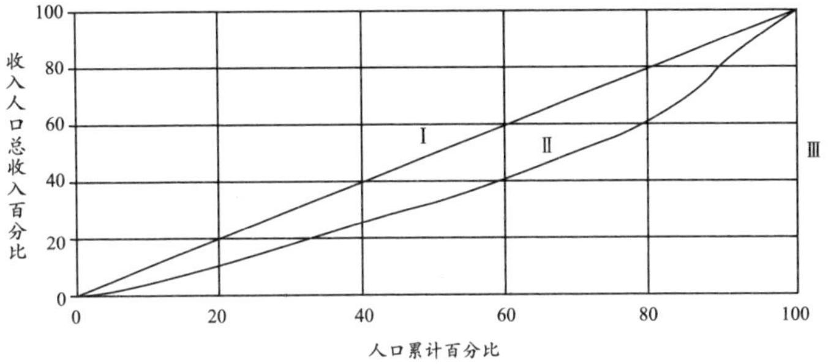

Ⅰ：收入分配绝对平等线 Ⅱ：实际收入分配曲线 Ⅲ：收入分配绝对不平等线

吉尼指数（Gini index）是指吉尼系数乘一百倍作百分比表示。他将实际收入分配曲线和收入分配绝对平等曲线之间的面积为 A，实际收入分配曲线右下方的面积为 B，并以 A 除以 A + B 的和表示不平等程度（见上图）。这个数值被称为“吉尼系数”或“劳伦茨系数”。如果 A 为零，即吉尼系数为零，表示收入分配完全平等；如果 B 为零则系数为 1，收入分配绝对不平等。

目前全球吉尼系数最高的地方是非洲的纳米比亚，亚洲地区中国大陆的吉尼系数超过 0.4。美国吉尼系数达 0.45。2001 年以后中国香港达到 0.525，2006 年高达 0.533，2012 年更高达 0.537，中国香港成为已发展中国家和地区贫富悬殊最严重的地区。若论全球排行，中国香港仅次于萨尔瓦多、哥伦比亚、智利、危地马拉、巴西、南非以及许多非洲国家，排名全球倒数十八位。台湾地区于2010年公布前一年的吉尼系数为0.342，2011年为0.345，日本、韩国、欧洲等先进民主国家的系数亦均低于0.4。

然而，吉尼系数的计算原本就是充满争议的。中国著名经济学教授厉以宁就曾公开修正这方法。一般批评他的修正是为了有利中国官方，也的确在他的计算方式下，中国的吉尼系数由0.6左右变成0.45。

秉持同样的官方心态，主管部门也公布2010年度吉尼系数为0.345，认为“其贫富差距与全球各国相比仍属合理范围，而邻近国家与地区中国大陆、中国香港、新加坡、泰国吉尼指数皆超过0.4，显示台湾贫富悬殊的差距是种平均概念”。

我们计算自己的财富或收入，往往都是以钱币的数字来计算。然而，如果我们换一种方式，用可以养活的人口数来取代金钱数字，便可以发觉我们的收入是愈来愈穷困，甚至比罗马帝国时代的自由人都不如，顶多只是比奴隶好一点。

现在一名大学毕业生的收入，如果他是在台北生活，吃住皆靠自己，那么，他的薪水不论是22k也好，28k也好，可以养活几个人？如果节省一点过，恐怕是1.5人吧。

然而，过去的儒生如何呢？他们的经济水平如何呢？过去的经济状况，当然没留下来任何的统计数字，但我们还是可以从日常生活中看出一些端倪。

过去中国的儒家思想要求女性“大门不出，二门不迈”，这话现在看起来虽然是十分男性沙文主义，却有着它在庶民经济学上的意义。

一位儒生要奉养父母、自己和一位妻子（假设他没三妻四妾）和小孩四五人。如果他要求妻子“大门不出，二门不迈”，那么就要一个人接送小孩上下学、买菜，等等，一个长工负责砍柴等粗工，还有扫大门和二门之间的落叶的小厮。这样算起来，一个人至少要养得起十二个人以上，才可以遵守儒家规矩的。然而现在，一名大学毕业生的收入，却连两个人都养不起。

从一个人最少养十二个人，到最多只能养两人，不只是影响了年轻人的结婚和生育子女的意愿，也指出台湾家庭的经济状况，也许不再是二分为经济富裕的家庭和经济不足的家庭两种，而是经济条件普遍不足下，仍勉强支撑的家庭和撑不住而放弃的。在这样的经济压力下，家庭功能受到影响，家庭中的父母角色也跟着有一定程度的扭曲。

我告诉皓原：“大部分的人虽然都觉得自己还没‘准备好’，是被迫结婚的；但这时结婚生子，好像后来也没有比较不好。”这句话其实是相当程度的善意谎言。

家庭两极化的不同功能

在勉强支撑和支撑不住的这两种家庭中，中产阶级的家庭大部分属于前者。皓原即将组成的家庭，将会是属于勉强支撑的。

所谓的勉强支撑，是一种主观的感觉，不一定符合客观事实。在别人的眼中，许多中产阶级的家庭，物质条件其实不差；但是在当事人的感受里，总觉得生活是很辛苦、很勉强的，没有足够的安全感，于是没办法轻松过日子，甚至连喘一口气休息的机会都没有。他们对家庭的经营，是这么地戒慎恐惧，以至于很害怕稍一不小心，就失去了一切。

在这样的家庭里面，我们看到了一种消极完美的父母。所谓消极完美（passive perfectionism）而不是积极完美（active perfectionism），是指他们害怕自己犯任何的错，甚至不允许自己犯任何的错。**他们也许不主动求完美，但却不允许自己犯任何的错，这就是消极完美的父母。**

然而任何父母都是新手上路，有谁能够确定自己是准备好了呢？

他们也许很认真地阅读各种亲子教养的书，很积极地参考养儿育女的资料，也很努力地去参加学者专家们的讲座，但始终还是不放心，不确定自己是不是做对了。于是，他们就变成十分焦虑的父母。

焦虑的父母，将自己的不安全感，投射在小孩子身上，总是觉得小孩子的处境都是永远不安全的。这样的情况下，焦虑的父母，也就变成了过度保护子女的父母了。

过度保护之下的小孩，任何想离开的努力，都是受到父母担心的。于是，久而久之，他们就放弃了任何离开父母的念头，放弃对任何新事物的尝试，也放弃了对自己的信心。他们不相信自己，不相信自己的任何努力，于是就变成了任何主动性都没有的小孩，也就是父母们口中十分糯性（闽南语的用词，类似惰性的意思）的小孩。

焦虑的父母对小孩子过度保护，想将孩子所有的活动范围都框起来，框到他们放心的理想城堡中。于是这个城堡随着小孩子的长大，开始无限扩大，从一开始的家，一直扩大到学校，甚至到日后他们就业的社会场所。

在这种情况下，我们在学校看到很多急着要当家长委员，以便干涉学校来保护自己子女的父母。所谓的直升机父母，或者是怪兽父母，都是在这种情形之下出现的。

在社会上，我们又看到了很多新鲜人，家人担心他做不来这工作，于是积极介入，造成他被同事们称为“妈宝”而加以嘲笑的现象。

我们也看到了一些小孩，他们也许是生命力比较强，在这样同样被保护的情况下，却开始注意到同年纪的同学们跟他不同的成就，例如在人际关系或者其他各种的社会能力上。他们可能开始对父母向来的过度保护感到不耐烦，甚至指责父母的教养误了他们的人生。这些小孩开始出现激烈的叛逆，可能只是不再听父母的话，也可能以一种十分暴戾的方式来呈现。基本上，在内心深处，他们对自己是失望的。

孩子的自信，是来自他们在外界世界的探索，来自他们克服了外面世界中遇到的困难。这些困难最好不要太大也不要太小。太大的困难不只没办法克服，甚至会让他们受到创伤。然而，太小的困难却是不痛不痒，一点成就感也没有。

担心孩子出状况的父母，往往会怕孩子面对困难而导致失败，担心小孩子就从此受伤而一蹶不振了。因此，他们将孩子们成长路上的所有石块都搬走，避免孩子跌倒。他们以为这是保护孩子，却不晓得这其实是剥夺了孩子成长的所有机会。失去成长机会的孩子，不是变得具有十分消极被动的糯性或惰性，就是不得不激烈反叛。

在功能不足的家庭中长大的小孩

然而支撑不下去的家庭呢？

在这样的家庭当中，有许多小孩在还需要父母陪在旁边的阶段，就被迫要一个人面对外在世界了。

小孩子不是生下来就天生地成熟了。小孩子是依附着大人，在大人提供的安全基地慢慢成长，然后才缓缓顺着他们的安全感往外活动。当离开的距离愈来愈远，才有所谓的独立。这也就是心理学家所称的依附或依恋原则（attachment theory）。

对于那些太早就失去依附的小孩，这样的遭遇意味着他们并没有足够的被照顾的经验。他们可能一辈子都在寻求这种感受，也就是“爱”的感受。为了弥补这个不足，他们甚至不惜以自己的身体去交换爱的感觉。

还有另外一种人，这样提早分离的经验，其实更是一种被抛弃的经验。被抛弃的感觉是十分痛苦的。对他们来说，为了避免这种痛苦的感觉再次发生，他们也就不敢信任任何人。于是，这辈子永远都是孤独的，也不敢有任何的亲密关系。

同样地，在这种情况下长大的小孩，有一些则是日后被视为反社会行为的人，例如犯法之徒。他们之所以这样，也是因为不曾被爱过；不曾被同理过，就没有同理别人的能力。没有同理别人的能力，当然也就没法感受到别人的痛苦。于是，虽然他们对待世界的方式，就像这世界对待他们的方式；但在别人眼中，他们的行为是十分残忍的。

支撑不下去的家庭，往往沦为破碎的家庭。这样环境下长大的小孩，可能出现很多总是在追求爱的行为，也可能是残忍不堪的反社会行为者，更可能是孤独度过一生的人。不论如何，当他们成长的过程中没有被爱的经验，也往往就因此失去爱的能力。他们失去爱的能力，也就很难去爱他们的下一代。于是，这种被抛弃以及被剥夺爱的创伤，将一代又一代地传下去，这世界也就出现愈来愈多的爱无能的人。

大人的行为是最有影响力的教养

我总是无法忘记那一群议论着大人行为的小孩子。他们也许生气大人的现实和势利，更多可能是接受“有钱是很重要的事”这看法。

小学五年级的姊姊说：“去吴哥窟好了，可以参观到世界遗产，又有很多数据可以查。”三年级的弟弟说：“不要东南亚，太近了，人家会以为我们家没钱。”然后转过头来问我：“叔叔，欧洲是不是也有世界遗产？”

家里有钱就会被老师选上得第一？

这是前两天到好友家里吃晚饭，和他们家的小朋友不经意的一场对话。原来，朋友要他的两个小孩自己计划自己的暑假旅游。向来在乎成绩的姊姊，立刻想到暑假报告的分数，提议一定要去世界文化遗产的所在地，因为班上同学们都知道老师喜欢同学多谈谈文化历史的事。而单纯许多的弟弟，过去不清楚这些游戏规则，以往只是天真地跟着姊姊，这次倒也有自己的主张了。

我忍不住问："为什么要别人觉得家里有钱？"

姊姊回答了："如果你家里有钱，老师就会选你代表学校去参加比赛，会让你得第一名。"

两个小朋友在台北东区一家颇负盛名的私立小学就读。那一天下课回来，姊弟一起回到家，继续着路上他们的话题。姊姊一副小大人的口吻，教训弟弟说："你不要太天真，以为学校老师都是好人，他们也是会看你们家有没有钱的。"愣愣的弟弟，有点懂又不太懂地听着。

妈妈有点讶异，仔细问了姊姊，才知道是指学校演讲比赛一事。但小孩说得也不算很清楚，着急的妈妈立刻打电话去询问班上其他担任家长委员的妈妈，才将整件事的来龙去脉理出头绪来。

演讲比赛是每班派一名代表参加，全年级的同学都会去聆听观赛。去年这样的情形就发生了。表现最好的那位同学，或者说，同学们反应最热烈的那位，竟然只得到第二名；第一名则是家长会长的女儿。去年大家也不以为意，毕竟第一名表现也不差，何况他们家又捐给学校那么多钱。

今年比赛，有一位同学表现特别好，妙语连珠，同学笑声不断，最后是全场报以热烈的掌声。至于上次冠军的那位，反而表现不佳，同学的反应也是不怎么样。没想到，比赛完名次一公布，家长会长的女儿，表现不佳的这位，又是第一名。评审老师还特别解释，说她的讲辞颇富深意之类的。而第二名，是某位活跃的家长委员的小孩；第三名则是学校某老师的小孩。至于那位表现最好的，至少是同学们掌声最多也是印象最深刻的，只得到第四名。

这成绩一出来，所有的小朋友自然开始窃窃私语，大家开始描绘第一名同学，她家是如何有钱，祖父是如何的高官，而且“她还可以指定谁当她的导师呢”。朋友的母亲笑着说，这只是为人父母太焦虑了，总是要给自己小孩最好的。

大人的言谈举止是活生生的身教

我却一下子不知怎么回答。一方面我是听得有点心不在焉，内心被其他事物盘踞了。我总是无法忘记那一群议论着大人行为的小孩子。他们也许生气大人的现实和势利，更多可能是接受“有钱是很重要的事”这看法。另一方面，我突然发现朋友的太太也不自觉地变成“为了升学各展神通的家长”，将特色教学的学校视快捷方式了。

然而最让我困惑和气闷的是这个私立学校，这个让弟弟不再天真的学校。我不晓得，这个同时宣称自己在进行品德教育的小学，究竟知不知道这个事件对品德带来的负面效应，恐怕是十倍的努力都没法弥补回来的了。

这就是我们大人的教育方式：因为不够成熟，对品德只是说说，从来也没有真正的信仰；所有不自觉的虚伪，也就成为自己小孩未来人生里，做人做事最主要的依据。

大人的行为，对小孩子的成长是最具影响力的来源。

曾经来过台湾的日本荣格分析师，也是临床心理学教授的樋口和彦先生，他就曾分享过这样的一个经验。

还在京都大学任教时的樋口和彦教授，曾经在关西地区负责推广学童的阅读习惯。当时日本各界普遍忧虑下一代的阅读习惯愈来愈薄弱，于是各种如何引导小孩阅读的努力都出现了。

樋口教授在京都的小学进行了一项实验。他要求老师和学童都带他们自己爱读的课外书籍，在早上晨读的时间，利用十五分钟的时间读自己带来的课外书籍。这项实验发现，老师如果也能够津津有味地看他的课外书，班上的孩童们也就会喜欢看书。

而且，重点不是看什么书。比方说，有的老师看的是《源氏物语》这样的文学名著，但他却是心不在焉的，只是应付应付地看看，他班上的小孩，自然也就不是那么用心看书。然而，有的老师看的虽然是《赌马经》这类的书，但他实在看得太津津有味了，小孩也都变得爱看书了。

孩子往往比我们想象的，还更清楚大人们在做什么。大人们往往以为自己已经很巧妙地掩饰，不让小孩知道真正的状况，但小孩其实都清楚感受到了。我们如果自己不喜欢，又怎么要求小孩子去做呢？我们自己都不相信了，小孩子怎么会相信我们所说的这些自己也不相信的事呢？

这些年来台湾各界呼吁要加强下一代的品德教育。然而，如果我们自己都不相信品德了，不相信品德对我们生活的重要，我们又如何去要求下一代过一个有品德的生活呢？

别再说“我是为你好”

人们以为自己是宠爱自己的狗或猫的，以为这样的用心就可以了解动物的世界，却造成了它们的忧郁症。

一位国外来的分析师来台北举办工作坊，当天傍晚我们带她在捷运忠孝复兴站的百货公司用餐。

餐厅在大楼的顶层。我们用完餐想带她走走，于是顺着手扶梯走下，立刻看到一间小小的服装店。有朋友较熟稔这里的一切，便问安杰拉——这位分析师——有没有兴趣看看，甚至买几件。安杰拉立刻表明没这么小的孩子，也没孙子。我们都忍不住笑了，要她再看看。刚巧，有一对伴侣抱着他们的小小贵宾犬走出来，她才发现这衣服是专门卖给宠物犬的，自己也忍不住大笑起来。

主人的宠爱变成狗狗的忧郁

安杰拉是苏格兰出生的爱尔兰人，后来定居在意大利，是典型的欧洲人。对她而言，将狗依人的模样来打扮，实在是太不可思议了。我自己也听过不止一次，帮狗大肆剪毛美容，原本要将它依主人心中的“可爱”模样来打扮，却造成狗本身严重忧郁的后果。同行的一位朋友也分享他所知道的一家人所养的狗，因为冬天到了，主人怕它冷而刻意帮它买衣服。没想到，被迫穿上衣服的狗狗，连最爱的散步都不去了。这朋友说：“这狗一定是觉得很丢脸，怕见到自己的同伴给嘲笑。它们觉得穿衣服很窘，大概就像我们通常觉得裸体上街很丢脸一样。”

然而，大部分的宠物主人，因为“爱”的缘故，像强迫人们裸身上街一样地强迫他们的爱犬穿衣服上街。

将动物打扮成人们所想象的模样，这样的行为可以用两个英文单词来形容。

生态主义者或动物权利促进者常常会提到 humanocentrism 或 anthropocentrism，亦即人类中心主义，是指人们用人的思考方式，想当然地来诠释动物行为背后的意义或自然现象背后的逻辑。人类中心主义是环境伦理或环境哲学领域中十分重要的观念，认为人类就是因为抱持这样的理念来与自然互动，才会产生目前看到的一切问题。

另一个单词，anthropomorphism，有一个我们较熟悉的译法：拟人化。就像我们从小许多耳熟能详的歌，譬如《西风的话》，在歌词里西风变成了像人一样有语言能力和人际技巧，可以探望老朋友，可以给予叮咛。在心理学上，自己也会将自己或他人（皆是人），变成另一个不是自己的人。心理学家霍伯（E. Hopper）则指出拟人化是受创伤的人们，因为内在力量的受损所造成的不足，因此急着寻求一种可以被他人接受的社会角色，来作为自己的面具。奚明顿（Neil Symington）同样也指出自恋性格者如何披上他人的斗篷，成为他的假我（false self），来遮掩他内在的空洞。

心理世界的殖民主义

当人们将动物或大自然用自己的逻辑来思考时，这不只是在心理层面的投射（projection），用自己的想法来判断别人；甚至是一种投射认同（projective identification），一种极不成熟的人格常有的心理机制，透过投射，将对方变成自己（潜意识里）要的模样。

将自己的意识形态加诸在他人的身上，进而要求 / 认定 / 想当然地觉得对方就是要这样才是好。

在现在的社会，我们也随时看到这样的例子。人们养宠物是一个典型的例子；而人们养育子女时，又如何证明不会有同样的问题呢？

人们以为自己是宠爱自己的狗或猫的，以为这样的用心就可以了解动物的世界，却还是造成了它们的忧郁症。人们对自己子女的教养更是如此，特别是他们觉得自己当过小孩（其实随着成长，早已忘了小时候的事，更何况在稚龄时的认知是完全非语言的，与现在的生活完全不兼容），觉得自己为小孩牺牲很多（然而付出更多也就更疲惫，有更多不自觉的情绪，即使没让心情糟透了，也足以影响到成人的判断和反应），也就更没有机会察觉自己的人类中心主义。

梁吕的父母来到我的心理治疗门诊原本是要商量小孩拒绝上学的事，后来却更像夫妻治疗。

父亲虽然拙于言谈，却是十分敏锐的。母亲乍看是寻常的家庭主妇，其实在社会公益活动上也是十分投入而有成就。

这是母亲的第二次婚姻，第一次才一年多就有外遇和家暴的问题，因而离婚了。母亲说，她从小看她父亲打妈妈，对这行为非常痛恨，甚至在高中时还找过辅导老师会谈。因为够敏感，自己的婚姻一出事，立刻求助专业机构且决定离婚。而这也是她在小孩上学后就参与社会公益活动的原因。

“可是我们在这里谈有啥用？小宝他就是不来。”小宝是梁吕在家里的昵称。母亲要回避我进一步的问话，又将话题转回来。

安静许久的爸爸说了：“可是，如果你不要催他，出门前一晚就开始不断叮咛，一直念个不停，说不定他就不会因为反感而不来了。”

“我哪里有唠唠叨叨地念，我讲话一向都轻声细语的，唯恐你们父子不高兴。”

“你讲话是温柔的，但终究还是叮咛个不停呀。”

利他也是一种侵略

这时我开口了：“所以爸爸，你要不要再多讲，温柔和唠叨？”

“我老婆真的没话说，把我们都照顾得挺好的。只是她像公司秘书一样，把我们所有的行程记得比我们自己还牢。只是有时在着急重要的事，她却一味地提醒别的事。那天，我忍不住回嘴说：你老是把我当小孩。我才想到说不定梁吕也同样不喜欢这种照顾！”

妈妈挫败极了，忍不住哭了。

好一会儿，她才说：“从小我爸妈老是在吵架，我只好自己一个人照顾自己，什么事都自己来。我好羡慕同学都有妈妈帮忙准备好制服手帕什么的，自己也就立志一定要做个像样的妈妈，还有，像样的太太。”

“你觉得太太做得怎样？”我一问先生，看到他自责的表情就后悔了，连忙补充说：“她一定很好，你才不在乎家人对她离过婚而反对，坚持娶她的？”

先生立刻接腔说：“是呀，她真的很好。我甚至觉得我妈妈都没有她好。可是，她实在太好了。我高中时都会嫌我妈妈啰唆，梁吕一定也会有这感觉的。”

那一时谈了很多，特别是跟梁吕有关的。可是我在结束时，特别又提到这段占不到十分之一内容的对话，说：“也许我们都只看到事情的一边：自己觉得好的就拼命去做。”

法国精神分析大师拉冈（Jacques Lacan，1901—1981）曾说过：“为别人好是一种攻击性行为（Altruism is aggressivity）。”他的意思是说，当我们看到一位衣衫褴褛的流浪汉，带他回家梳洗换装，给他我们的食物，是在做一件好事。可是，在做好事的同时，也在告诉对方：这样的穿着不对，那样的饮食不对。我们没去想想，说不定这样生活有某一程度的比例是乐趣，就已经将我们（中产阶级）的价值观，强加在他身上。

另一位精神分析大师科赫特（Heinz Kohut，1913—1981）则认为，每一个人内心都有自己的自恋核心，只不过是较原初还是较成熟罢了。他在《自体的分析》（1971）中表示：“原初的自恋……构成必要且健康的步阶”；如果早期的自恋需要有被适当地满足，个体将朝向一个“正向自尊和自信的成熟形式”

发展。反之，太过或太不及的满足（这是大部分成长都会出现的），才带来成长以后要不断努力才能够成熟的自恋。

很多年以前，就有人注意到台湾养宠物的风气愈来愈盛。这背后除了经济发达等因素之外，我们也应该会注意到另一原因：在这同时，台湾的结婚率在下降，生育子女的数目也在减少。宠物于是成为现代人的替代性子女，也就是所谓的狗儿子或猫女儿的。

当我们对待宠物都会出现所谓的人类（个人自我）中心主义，将动物的世界想象成人类世界，这样的行为，对动物权益保护者而言等同于动物虐待；那么，我们又怎能确信自己的行为对子女是好的——即便是我们意识里自认为最好的？更何况，我们更多的影响是出现在潜意识层面，而不自知。

面对教养，只有谦卑自己，不断质疑自我、反省自我而已。

辑五

父母要像一座山，自在地存在着

年轻人
要学会独立成长

自我沉溺的父母活在以自己为中心的世界里，将小孩视为自己的延伸物，而忽略了小孩的主体性。他们其实是将父母角色当作一种演出，而孩子的好表现则是自己可以炫耀的装饰品。

和耀华的聊天，是在学园的楼梯间偶然发生的。

耀华才七岁，还是小学低年级，因此中午过后就放学了，开始来学园固定活动。

这是个位处新竹市住宅区的学园，是一个科技公司的员工所成立的汉慈基金会支持的。他们一开始开办时，只是想照顾附近弱势家庭的小孩。

新竹市随着新竹科学园区兴起以后，就像全世界所有新兴城市一样，除了专业人员移居进来，附近广大乡村的贫穷人口也同时为了更好的工作机会涌进来了。他们也许聚在城市的外缘，也许在城中没落的旧区。这些新贫人口，既然是愿意远离家园而求更好的经济，其中大部分的人也都是勤劳的。因此，在有工作就拼命做的情况下，为了经济在打拼的父母，往往会无法兼顾到下课的孩子。这也就是汉慈开始的目的。

前来这里的学生是由附近学校所推荐，主要是家庭有所困难，下课以后没有人力提供应有的照顾，又没有经济能力到安亲班。汉慈原本只是想提供十分单纯的课后照护，后来，随着工作的开展，发觉大部分的小孩都有价值观的问题，甚至是身心问题。

有些小孩学习动机奇差无比，到三四年级了还写不好一个句子。如果有机会仔细和他们聊天，就会清楚发觉，他们根本不知道为什么要上学，更不知道为什么要读眼前的这些书、听教室里谆谆教导的这些课。

他们对外面世界的理解，不像一般的小孩；他们对未来的理解，也不像同班其他的小孩。

一般的小孩，不管资质优越或驽钝，不管成绩是好是坏，他们对未来总有一些基本的认知，再加上许多朦胧的想象，在教室里也就理所当然地会想要读书，想要在竞争中胜过别人。没有人对他们耳提面命，说这一切对未来是如何重要；但他们自然就会努力，想要通过这些活动，朝向迎接他们未来的外在世界。

然而，这些因家庭资源弱势而学习不足的小孩却是不同的。

他们不知有未来，或者说，不知道每一个人的未来将会因为彼此的资质、条件，特别是自己的努力，而有所不同。经常，他们父母的成长过程中也没有这样的认知。他们父母不知道自己可以努力，不知道自己的未来将会因为努力而完全不同。过去，他们自己的人生是如此进行中的。未来，他们的小孩也将如此，继续复制——也就是代际效应（intergenerational influence）。这样受限的人生视野，自然而然，伴随而来的将是一代又一代的贫穷。

重建濒临崩溃的家庭

这个学园原来只是要做孩童的课后安置。参与之后，他们为了要彻底地解决这些问题，不知不觉开始往问题的源头挖，对父母提供亲职教育这一类的活动。不久之后，他们发现这样还不够，便开始介入家庭，并进行家庭评估和辅导。

这样的观念几乎就是破碎家庭的重建工程了。

这让我想起新北市还是台北县时，台大社工系林万亿教授被借调为副县长期间，曾经推出“高风险家庭”的工作计划。

台北县环绕台北市，有比新竹市更庞大的新贫问题。所谓高风险家庭，是指还没成为社会福利所救济的贫民户，但愈来愈有危险沦为贫民户的家庭。

这个计划立意甚佳。然而，待该计划的社工人员介入后，才发现几乎每一个家庭都是烫手山芋，一环又一环的困难相互纠缠着：贫穷、失业、学习不佳、亲职不足是基本的，更严重的有酗酒、肢体虐待、赌博等，再更严重一点是吸毒、家暴，甚至是乱伦。这里列出来的每一个问题都是高难度的挑战，更何况每一家庭都有三五个困难。于是，就我所知，第一年执行就很困难，后来随着林教授的离职更是无以为继了。

而汉慈这个学园却持续向前迈进，已经是第五个年头了。从当初安亲班的小小心愿，到后来竟然做起高风险家庭的重建工作。而一个私人公司的员工，上上下下，愿意长期支持这样一个意义虽然深远却不容易理解的工作，更是了不起。

我去参访的那个阶段，学园里的社工正为每一个学生建立“个别家庭服务计划”（IFSP，Individual Family Service Program）。他们一方面建立一个暂时的替代家园，而不只是安亲照顾（很多孩子甚至晚上八九点父母来接了，还不肯回家）；另一方面他们不知不觉开始重建起这些濒临崩溃的家庭。

未能尽到自己责任的父母亲

父母亲角色的功能或责任，原本就是望文生义可想而知的，是要称职地照顾、养育和教育他们的下一代。然而，并不是所有的父母都尽到自己的责任。

未能尽到责任的父母，又可以分成两大类。

一种是经济压力的缘故，因为忙于五斗米生计，而忽略了小孩。

另一种则是可能父母自身性格不成熟造成的，或其他原因（酗酒、重度忧郁、各种原因造成的自闭状态）所造成的自我沉溺（self-absorbed）。

自我沉溺的父母活在以自己为中心的世界里，将小孩视为自己的延伸物，而忽略了小孩的主体性。他们可能根本没看到小孩；他们也可能好像很爱小孩，其实是将父母角色当作一种演出，而孩子的好表现则是自己可以炫耀的装饰品。

以父母的自我沉溺程度来评估父母的成熟与否，这样的观念是由美国弗吉尼亚州 Old Dominion 大学心理咨询系教授妮娜·布朗（Nina Brown）所提出来的。在她之前已有很多学者提出自恋父母（narcissistic parents）的描述。自恋这名词往往会引起很多误会，反而在日常生活的实际经验中，无法看到这一切现象。妮娜·布朗教授提出的“自我沉溺”，其实也不一定一目了然，但至少没有“自恋”一词本身多重意义所带来的困扰。

妮娜·布朗认为，自我沉溺者所养育的子女，常常会有以下的感觉：

· 自己是父母的延伸。
· 即使长大了还是被父母掌控着。

· 永远要符合父母的期待，即使已经是成年人，已有自我期待了。

· 应该要能预知父母的需要和欲求，而且很勤快地去完成这一切。

· 对父母是永远赞赏有加，而且是用心赞赏的。

· 为了照顾父母，应该牺牲自己的生活和福利。

· 对父母充满同理心，但不可期待他们会同理你。

· 自己不能犯任何的错或判断不当，因为这将破坏父母的形象。

· 只要父母要求，立刻抛下手边的任何事情。

· 永远不能独立或自主的行动。

这一切的感觉都是父母所带来的。父母的自恋或自我沉溺，使得他们永远看不到别人的主体性，包括自己子女的自我。而子女在这样的环境长大，不知不觉也发展出了上述的这些特色。他们的主体性是被剥夺到这么彻底的程度，以至于他们也以为是他们自己放弃了自己的主体性。

在过去的儒家文化中，这些特色可能是被夸赞的美德。想想看，我们的电视连续剧里面的角色，包括多年前风靡一时的《星星知我心》、日本连续剧《阿信》或是现在电视上很多的家庭剧，不也都是夸赞这样的性格特色？

然而，这样的夸赞是出于以父母为中心的家庭观点。站在父母以外其他成员的立场来看，这样的状态其实是连最基本的自我都不允许存在，更何况是个人的自我成长。

不成熟的（包括心智状况有问题的）父母，甚至可能剥夺了孩子最基本的成长。我们在新竹的汉慈基金会遇到的耀华，就是这样情形下的极端例子。

许多孩子在封闭的状态中成长

耀华是一个很老气的名字，我猜这应是爷爷取的，老兵爷爷，跟着老蒋来台的。可惜，我没有太多可以查询的数据。

耀华站在往二楼的楼梯，靠着扶手，头稍朝下和站在一楼的我讲话。可能因为散光还在矫正而戴着厚厚眼镜的他，原本就十分逗趣活泼；再因这样的位置，他站得比我高一点，不觉得我有大人的威胁性，更是畅快地谈起来了。

刚刚听完介绍后，工作人员提到小孩的许多身心问题，包括精神疾病，同时示意身为精神科医师的我，注意一下一个人不跟同侪玩在一起，反而纠缠着我们这些大人的耀华。工作人员表示，耀华会自言自语，讲一些无厘头的话，跟同侪不知如何互动，等等。

因此，当耀华在楼梯间玩耍时，我便不着痕迹地和他聊起来。

他的语言是差一点。当我问他家里有几个人时，他会说：

“爸爸、妈妈，和‘一个’我。”他的母语是闽南语，普通话还不太熟练，这对新竹市小学二年级生而言是少见的。谈到一半他问我：“Sa-Lau 是不是三楼？还是 Si-Lau（才是）？”更惊人的是，他的想象力特别丰富。我问他叫什么名字，他回答我以后立刻说：“不过，以后快改武状元了——因为能文能武。”然后他对我比出蜘蛛人爬墙的姿势，作势要攀墙。

虽然他耐不住五分钟，一溜烟就上楼去了，我已经约略可以初步判别了。

他没有自闭症相关的问题，因为交谈时眼神的互动，加上更早以前纠缠我们大人时是急急仰望我们的脸；他也没有智能不足，从想象力的丰富内容就可以知道。恐怕，他只是社会文化刺激太少，包括被父母忽略或孤立，再加上家里就只有他一个人。就一个小孩而言，这不足不是普通的不足；这样严重的程度，包括他的语言表达能力（词汇足够，但句子有问题），包括他丰富的幻想，可能都是因为他长期处在没人互动的封闭状态。这也表示了：他的照顾者很少跟他互动，对外界也基于某些原因（内向、疑心或妄想引起的焦虑）而不愿也不准小孩和外界接触。

这情形就像 1994 年，好莱坞的一部电影《大地的女儿》（*Nell*）当中，年轻的茱蒂·弗斯特所演的角色，因为中风的母亲功能不足而造成她野人一般的成长状态，甚至妈妈扭曲的世界观也成为女儿以为的世界现实。母亲因为某些状况，也许是疾病，也许是心理不成熟，成为沉溺在自己世界的人。对小孩的影响，自然是相当深远。

我跟工作人员说，不用担心，来到这里，社会文化刺激够了，很快就会追上。我们可以看看，再过几个月，他的进步会很快，情绪的问题（耀华经常拿铅笔戳自己的左前臂）也就会改善。

听我这样的说明，一位较熟悉他情况的工作人员便表示："对、对，耀华的母亲就是那个样子。每次跟她说小孩的事，她便说是神明附身。"

自我沉溺的父母

我其实很想知道耀华母亲是怎样的一个人。只是，我们不宜久留，否则会影响学园里孩子正常作息的养成。他们待会儿还要念书、吃饭，一切都很自律，包括一起动手整理餐厅和厨房，将碗筷洗好放好。我听着工作人员如此有成就感的描述，不必亲自看到，自然可以确定这部分是做得如何了不起。

然而像耀华这样，他的母亲是怎么了？而他的父亲又是怎样一个人？是因为贫穷而工作时间长，自然没能力陪伴，还是有其他问题？耀华的名字让我想起老兵：是他妈妈的爸爸，还是他爸爸的爸爸，是老兵？时间算起来，老兵出身的应该不是耀华的爸爸，毕竟平均年龄是不可能了。

1949 年，一群年轻力壮的小伙子，离家背井，单身来到台湾，在这一群人中，社经地位最高的，是和同样来台的女子（通常是同一省籍的）结婚；其次，和台北女子（像小说家朱西宁和翻译家刘慕沙的婚姻；而客家又比闽南多一点）；等而下之的，结婚对象除了原住民女子（经常是半嫁半贩卖的），便是有重度精神疾病的女子了。

1991 年，我曾一度到花莲工作。那时，外籍新娘还没合法，老兵已经逐渐凋零了。我在花莲偏僻的农村作巡回医疗时，才发现许多患有精神疾病的女子，在没有够年轻的老兵愿意嫁娶之后，原来是被嫁到东部乡村来。当时农业已经破产，却还有许多因为个性内向木讷而继续留在村子里的年轻人，而一般的女子摆明是不愿嫁给他们的。

耀华的母亲不一定有精神病，但她的性格有着或多或少的疏离，也许果真是有一位罹患重度精神疾病的母亲所传下来的基因，难免受到影响。在这样的情况下，父母没法提供给孩子最基本量的关心和照顾，往往是因为他们在生活上整个人是处于自我沉溺的状态。

这样的自我沉溺，可能是精神病或重度忧郁等精神疾病所造成的，也可能是酗酒或药物成瘾所造成的；然而，大部分的自我沉溺，还是父母自恋的性格，或者是不成熟的个性所造成的。

父母亲的自恋性格

我的一位朋友就经常提起她父亲的成长故事。

她的父亲是一位对金钱匮乏有极端恐惧，同时，对弟、妹和自己小孩吝于照顾和关心的人。

她的祖父母在来台之前，千金小姐出身的祖母过着相当优渥的生活，“两只脚可以不用踩在地上的”。她祖母从小到大几乎只要使一个神色，连开口都不必，奶妈或丫鬟就知道她需要什么。

后来结婚了，她祖母虽然也一路跟着祖父撤退，却依然喜欢看街上的大戏、逛市街。而看戏也好，逛街也好，往往玩得太投入（自我沉溺）而忘了自己是带儿子一起出门的。于是，经常在回家许久以后，才发现儿子不见了。

我好朋友的父亲，他的童年便是在这样一次又一次被母亲遗忘而处在迷路回不了家的状态，再加上当时的撤退过程，在每一城市才稍稍安顿又立刻拔离，也就有一辈子都无法克服的恐惧。

这样的自我沉溺，也就一代又一代地传下来，不一定需要基因，不一定有任何学习，而且这样沉溺的面貌也不一定相同。总之，没被爱过的小孩不懂得如何去爱，往往过或不及。于是，代代相传，再加上传统社群或小区关系的瓦解，我们社会也就有愈来愈多的自我沉溺 / 自恋 / 不成熟的父母了。

佳惠是年轻的妈妈，儿子才六个月。她说起自己的父母亲最近上台北探望宝贝外孙，她告诉我许多她的观察，关于父母和她儿子的。

这一次家人一起出门，到花莲旅游。整整五天的相处，是孩子出生以来未曾有过的。

她说起妈妈，对自己第一个外孙从没有主动的兴趣；只有在路人主动说宝宝好可爱，想一起拍照之类的时候，她才急急抱起孙子，摆出一副慈祥的姿态。至于爸爸，他是会和小孩好好地玩，只是他的互动方式有一股说不出的别扭。我问道："是不是像在跟大人讲话？"她才恍然大悟，点头如捣蒜地表示就是那样。

她说这一趟旅程终于让自己明白，为什么在她的成长过程里，自己始终没有一般人童年的经验；在记忆里，总觉得自己从一开始就像个小大人，天生就十分地沉着稳重。她说，看着自己的父母带她的小孩时，那副既笨手笨脚又是全然不懂童言童语的模样，就明白自己过着怎样的童年了。

她母亲出生在南方的官宦世家，即便来台，生活还是优渥十足。据说，母亲小时候，每一个兄弟姊妹都有自己专属的奶妈。而父亲是典型的读书人，虽然继承家业而走入商场，但一辈子都还是维持看书做学问的习惯，迄今还是涂涂写写的。

佳惠是因为结婚前一场严重的忧郁而来到门诊的。当时她留学回来在大学里教书，是表现十分杰出的年轻学者。然而，随着婚期的逼近，她却愈来愈察觉自己没有柔软的能力。用荣格的语言来说，佳惠虽然是女性，却找不到自己的阿妮玛 / 阴性（anima）。

我们的心理治疗从她婚前就一直进行着，陪伴她度过婚礼，度过蜜月，也度过怀孕生子。在怀孕的阶段，治疗忽然有极大的突破。准备当妈妈的她，开始认真地读育儿书，甚至包括婴儿发展、脑部发展、亲子互动、儿童精神分析等。她忽然领悟到，原来这一切都没有发生在她自己的幼儿阶段。甚至，如此狂热地大量阅读，其实是出于自己内心这一部分的匮乏。

这一次父母来访证实了她这些年的疑惑，却又同时担心起自己是否有能力担任一位称职的妈妈。她说，每次丈夫陪还只能爬行的儿子在地板上玩时，可以玩到两个人都笑得灿烂极了，她忍不住问丈夫究竟有啥好笑的，丈夫总是说："你不觉得看着贝比的眼神，那些有的没的表情，实在太好玩了。"

她不敢搭腔，因为她实在看不到。她说自己带小孩，虽然比父母好多了，但离先生又差好远。自己带小孩像是在将阅读而得的知识运用出来，而先生却是一见到孩子，内在就立刻跑出一个小孩跟儿子玩在一起了。

我知道，她形容先生的互动方式，就是儿童精神分析师温尼考特所称的随兴（spontaneity）。每个人都有自发性的反应，动作、话语、想象等。只是，如果成长过程中所处的安全领域消失得太早，还没有足够自信的小孩会戴上人格面具，用大人模样的假我来面对外在环境。

佳惠的成长确实是如此的过程，是改变不了的。不过，温尼考特也说了：尽力了的父母（good - enough parents），就能给孩子提供最好的成长环境。

我告诉佳惠，她在这样的代际效应影响下，学习做一位母亲，能做到这样，已经是太不可思议，实在是太棒了。

父亲是一座山

任何子女，不论他多大了，不论他跑多远了，只要一回头，他立刻可以看到山，同时也觉得山也充满关注地看着他，一股被爱的感觉自然产生，疗愈的力量于是涌上。

在一所远离台北的初中里，我应邀去参加父母的座谈会。我先做了个演讲，关于青少年的议题，关于现代家庭所面临的社会变迁，然后开放问答。

对于这一类的场合，我向来会多准备一些内容，免得没人举手发问时，让大家陷入等待的尴尬。不过，这些年来，发问的人愈来愈踊跃。甚至，问答的内容，我自己都觉得，比任何演讲还更精彩。

那天，一位男士举了手。他一开口便说："我是单亲爸爸，两个小孩分别是八年级男生和六年级女生。我看了很多亲职的书，但有没有爸爸亲职方面的谈论呢？"

关于父亲角色相关讨论的不足

那一秒钟，我在脑海里迅速搜寻，除了浮现几本讨论"父亲"的书，更想起多位我所认识的单亲爸爸。而"讨论"父亲的书，多局限在社会学或历史学的架构里，或是谈论父职重要性而已；似乎少有讨论爸爸亲职如何操作的专书。20 世纪 90 年代，台湾曾播出美国电视剧《天才老爹》(*The Cosby Show*，大陆译《考斯比一家》)，剧中有五个小孩的比尔·考斯比，似乎是史上最有亲职形象的父亲了。他和小孩之间既有幽默的互动能力，又能十分睿智地处理孩子们的困难。在电视剧中，他是如此地完美，以至于私底下也拥有教育博士学位的他，忍不住要跳出来，在他的书里告诉大家："别怕让子女知道你并不是个完美的父亲，更重要的是，让他们知道你时时刻刻都在，是可以信赖的，是碰到困难可以跑来说'我有困难'的最佳对象。"

父亲的角色绝不是第二个母亲。父亲要做的是，就像比尔·考斯比那段话的意义：一个存在，能接纳孩子的存在。

在双亲的家庭里，父亲的角色，最重要的影响不是被要求进行直接的教养，而是一个存在，一个坚强的存在，最好更是一个接纳子女的存在。不够坚强的存在，也就容易成为缺席的父亲（absent father），这也是关于父亲的影响力讨论最多的。而父亲对子女的是接纳或是排斥，几乎是所有关于文学或流行歌曲中父亲形象的重点；也就是新好男人和旧的爸爸最大的差异——前者是积极接纳，后者是百分之百被动。

然而，爸爸如何进行自己的亲职，如何面对小孩子每天生活中的食衣住行，如何在这一切活动中和孩子成功地互动呢？爸爸的亲职，跟妈妈的亲职，又有怎样的不同呢？

关于这一点，亲职研究上并没有太多的讨论。爸爸在亲职上往往是妈妈的助手、后援，和担任纪律的最后防线，除了对爸爸的亲职有态度上的提醒，此外几乎没有太多的讨论。

然而，不论亲职内容如何，爸爸在孩子的生命中还有另一个角色：像一座山的存在。孩子虽然只是远远看到他的身影，然而其中产生的意义却是复杂的。

只是在背影中存在的父亲

还记得这段文字吗？

我与父亲不相见已有二年余了，我最不能忘记的是他的背影。那年冬天，祖母死了，父亲的差使也交卸了，正是祸不单行的日子，我从北京到徐州，打算跟着父亲奔丧回家。到徐州见着父亲，看见满院狼藉的东西，又想起祖母，不禁簌簌地流下眼泪。

父亲说："事已如此，不必难过，好在天无绝人之路！"

回家变卖典质，父亲还了亏空；又借钱办了丧事。这些日子，家中光景很是惨淡，一半为了丧事，一半为了父亲赋闲。丧事完毕，父亲要到南京谋事，我也要回到北京念书，我们便同行。

这是民初学者兼作家朱自清最为人熟知的一篇散文《背影》。文章一开头，父亲便出场了：距离是遥远的（"不相见已有二年余"），社会观感上是失败的（"祖母死了，父亲的差使也交卸了"，"满院狼藉"，"回家变卖典质，父亲还了亏空；又借钱办了丧事"）。这样一个父亲，根本是谈不上亲职，怎么会成为我们华人世界最让人感动的父亲之一？

在朱自清的文章里，他和爸爸一起到南京，终需一别。一边是自认为成熟的儿子（“其实我那年已二十岁，北京已来往过两三次”），一边却是放不下心的父亲（“父亲因为事忙，本已说定不送我，叫旅馆里一个熟识的茶房陪我同去。……但他终于不放心，怕茶房不妥帖；……他踌躇了一会，终于决定还是自己送我去。”），而且儿子内心甚至还嫌父亲老气，嫌他跟不上时代，让自己没面子。（“我那时真是聪明过分，总觉他说话不大漂亮，非自己插嘴不可。……他嘱我路上小心，夜里要警醒些，不要受凉。又嘱托茶房好好照应我。我心里暗笑他的迂；他们只认得钱，托他们真是白托！”）

然而，这爸爸还是跟以前一样，从没意识到这些年来时光的改变，好像不知道孩子壮了而他老了。

我说道：“爸爸，你走吧。”他往车外看了看，说：“我买几个橘子去。你就在此地，不要走动。”我看那边月台的栅栏外有几个卖东西的等着顾客。走到那边月台，须穿过铁道，须跳下去又爬上去。父亲是一个胖子，走过去自然要费事些。我本来要去的，他不肯，只好让他去。我看见他戴着黑布小帽，穿着黑布大马褂，深青布棉袍，蹒跚地走到铁道边，慢慢探身下去，尚不大难。可是他穿过铁道，要爬上那边月台，就不容易了。他用两手攀着上面，两脚再向上缩；他肥胖的身子向左微倾，显出努力的样子。这时我看见他的背影，我的泪很快地流下来了。我赶紧拭干了泪，怕他看见，也怕别人看见。我再向外看时，他已抱了朱红的橘子往回走了。过铁道时，他先将橘子散放在地上，自己慢慢爬下，再抱起橘子走。到这边时，我赶紧去搀他。他和我走到车上，将橘子一股脑儿放在我的皮大衣上。于是扑扑衣上的泥土，心里很轻松似的，过一会说："我走了，到那边来信！"我望着他走出去。他走了几步，回过头看见我，说："进去吧，里边没人。"等他的背影混入来来往往的人里，再找不着了，我便进来坐下，我的眼泪又来了。

我自己第一次读这文章应该是小学中高年级吧，老师指定的课外阅读。后来，从中学到大学，不同的场合也陆续读了许多次，从没打心底真正感动过。后来，随着年纪增长，不知何时也开始同作者一样，潸然泪下。

朱自清在1925年写下的这篇《背影》，在华文世界关于父亲最有名的一篇文章里，将父亲作为一种象征的意义，清楚描述了：在我们的社会里，父亲是像背影（看不到儿女对他是否感激）的存在。

然而，那一天，针对那位单亲爸爸的问题，我回答了很多，多半是在谈存在和接纳。关于亲职操作，几乎没有。我想，这位爸爸是不容易的，但希望他自己在遇到困难时，永远可以回到一座山的状态。

改变的力量来自哪里

任何和青少年一起工作的人，不论是学校老师、社会工作者、少年观护人，或是我们这样心理治疗或心理咨询的人，大概都会同意：行为偏差的青少年或年轻人，是最难辅导的对象之一。

朋友寄来关于台东的一则传奇，关于一座“孩子的书屋”的故事。

“被贴上标签的原住民孩子；被失意父亲当作出气筒的孩子；被母亲娘家不断责罚的失怙孩子；受困于学校成绩的正常家庭孩子……

“每个馨香的孩子来到世间本该拥有柔绵绵的爱，却因为父母的失职、学校老师的歧视等，大人的蹂躏不知不觉地伤害了孩子的心灵甚至身体，让走投无路的孩子选择自我放弃。

“在书屋里不乏这样的孩子，他们原可能被社会的黑暗力量所沾染或吸收，但因为有书屋这第二个家，成为孩子无路可走时的栖身之地，宛如《圣经》里的‘逃城’一般，可以避开击杀。书屋一位大孩子这样说：‘还好有陈爸，陪我走过躁动的青春期。’”

这样一座不惹眼的“孩子的书屋”，里头有一群被视为无药可救的行为偏差少年，在一位也曾是浪迹江湖之迌迌人的陈爸（陈俊朗），以及在来自三教九流的几位所谓的老师带领下，居然脱离原先的或是浑浑噩噩或是愤世嫉俗的生命状态，开始有了他们人生的追求，有了他们的自我肯定。

他们追求的不是孩子是否回到学校，是否考上大学；他们也不是要教小孩成为世界第一的面包师傅。他们只是希望孩子们，有一天，每个人都可以找到自己的路。

当然，这些发生在真实的世界里的故事，孩子的改变永远不会像好莱坞电影一样：只要让孩子能够一次心动，一切就能改变。真实的世界里，孩子们在有了逐渐一点一滴累积的同理心而能替别人设想时，同时还是忍不住因为自我保护的反应而回到冷血的防御状态；在有了自我期许的未来想象时，也还持续怀疑着这个曾经抛弃他们的世界。

关于这一点，陈爸和几个老师都是清楚的。他们知道这些孩子身上的伤疤，不是一年半载，也不是三年五年就可以改变的。甚至，有些伤疤是砍在心头上的，一辈子都存在于那里，像活火山一样，随时还是可能再次爆发；现在做的一切，只是让启动的挫折阈值拉高，发生的机会尽可能地再小一点。

从开始到现在，这十三年来，陈爸经营了这个称为“孩子的书屋”的地方，在几乎只有亲友和少数民众的支持下，已经有六百多个青少年和少年曾经进出这里。大部分的他们，是被家庭和社会遗弃的，或者说，是家庭被社会遗弃时，他们也同时被遗弃了。

这些让学校头痛的“不良少年”，心理咨询或心理治疗的教科书里认为最困难的“偏差行为”或“低动机”个案，同时也是司法系统最无力承受的对象，却是在遇到这位半路出家的发起人所带领的大部分来自中下阶层的杂牌军老师们，在他们的一起打拼下，开始动了起来。

于是，在这些被贴上“无可救药”的标签的孩子身上，被父母师长和专家学者认为几乎不可能的改变，却是不知不觉地发生了。

我们不禁问：这力量，这不可思议的力量，究竟是哪里来的？

一座提供孩子们避风港湾的教堂

花东纵谷是从离开了花莲市的公路上，在两侧山脉的围护下，才渐渐展开的。这纵谷的十一号公路是如此笔直而遥远，一个人开车在这公路上，着实有一股莫名的寂寥。

20 世纪 90 年代初，我曾因为工作而经常进出这里，随着慈济的医疗巡回和当时省政府教育厅中学辅导网络，到这条公路又分岔出去每一条路径。每多一次分岔，代表的是更辛苦而贫穷的环境。而这情形，在我 1987 或 1988 年第一次来到花东乡下时，不巧就瞥见了。

当年还是台大学生的摄影家吴忠维，和我一样，跟随当时台大社会系一位才从美国回来的年轻副教授，要去疗养院做厄文·高夫曼（Erving Goffman，1922—1982，美国社会学家）所倡导的参与观察，因而一起聚在那个遥远的小镇——玉里。

这是我第一次遇到这位当年还年轻的摄影师，他正进行着布依族人的摄影。

忠维说起他这一系列肖像作品背后的故事，关于一场车祸事故，一群肇事者与同村也在现场目击的平地人，如何以共谋的沉默来掩饰发生在他们眼前的车祸命案。而身为外乡人的他，正和朋友骑机车环岛中，刚好经过而目击了一切，因此成为唯一站出来做证的人。因为是唯一一位，那漫长的半年他不得不来回在台北和台东之间。

死者是来自台东延平乡红叶村的年轻人。我在忠维的带领下，于玉里行程结束后前往这个村落，除了认识死去的年轻人家人，也认识了村子里的几个年轻人。

当时，同样是这个布依村出身的白光胜牧师刚从台湾神学院毕业，便带着不顾家人反对而嫁给他的平地妻子，回到这个村子，主持村子里凋败许久的教堂。然而无论再怎么努力，即便是最激动的讲道，还是没吸引太多人来教堂。

而村子里的孩童，许多都是成长在酗酒家庭里，家中唯一可以写作业的桌子被喝酒的爸爸所占据，晚上的功课也就不断被买烟买酒的叫唤所打断。

年轻的牧师夫妇，索性打开没教徒的空荡荡的教堂。

敬拜主耶稣的圣殿，开始成为村子孩童晚上进修的安全港湾。

寻常家庭以外的替代父母

去年，相隔三十年后，我回去台东，刚巧借到一辆车子，索性直奔去拜访了白光胜牧师，以及他现在所带领的布依部落。

这地方是坐落在村落之外，远离昔日的教堂了。而布依部落如今已经远近驰名，不但成为东部的观光重点，也提供原住民上百个工作机会。

白牧师昔日的梦想成真了。

他虽然没能改变原来的部落，但他重建了一个崭新的部落。

当年，白牧师先是想法子要重建教堂。然而他发现，要重新振兴教会就要重建部落，要重建部落就要重建社会，于是后来又投入社会运动，甚至是政治。终于，在人生绕了这样一大圈之后，才终于回到原本的出发点，专心投入布依部落的建立。

布依部落的网页上，这样提道："1983 年起，白牧师试图寻找一个文化传承与经济生机兼顾的模式，布依部落正是实践希望工程的场域。筹建布依部落的同时，创立了'布依文教基金会'。"

这目标是宏伟的，未来的努力是不容易的；然而，单单目前这样，能够走到这地步，这一切过程就已经很了不起。

然而，我内心深处还是忘不了当年待在旧教堂黝暗光线的感觉。

那时，待在临晚黑暗的教堂里，只有小孩子们在微弱的灯光下，叽叽喳喳，或聊天或写功课。有些热情的小孩，拉着我们，指着墙上钉着的照片或明信片要我们好好看看。原来是从村子出去的孩子们，是这些教堂里孩子从呱呱落地就熟识的同村子的大哥哥大姊姊们。他们是更早以前，同样在这里一起读书玩耍的孩子。慢慢地，毕业了，功课也有一定的水平，他们在白牧师的建议下，许多都去了警校、军校（男生）和马偕护校（女生）。这些学校都是公费，让贫困的父母不必烦恼学费；而且未来毕业以后又有前途保障，不必被那些熟悉都市丛林竞争文化的白浪人（台湾原住民对平地汉人的称呼，源自闽南语坏人的发音）所欺负。

在那一张张的照片里，孩子们所熟识的大姊姊穿着漂亮的校服、大哥哥身着笔挺的军服，他们或是坐在马偕护校草坪上，或是站在军校的建筑前。这是照片奇妙的力量，这样薄薄的几张纸片，就可以为这些孩子成长过程中向来封闭的世界，打开一道窗——一道可以眺望外面世界一切美好事物的窗。

在一般小孩的成长过程里，这道窗原本应该是父母或学校给予的。然而在这部落里，他们的父母可能终其一生没去山下发展，可能去了山下却从不知道如何真正地进入到那个世界；

而学校的教诲又离他们的生活太遥远，从不知道他们的成长是禁锢在许多陌生的惊恐里。

那些墙上的照片，给了孩子力量，因为它们传递了这样的信息：“我是你昔日平凡的哥哥姊姊，经历和你一样的成长过程；我可以做到的，你也可以做到。”

那些墙上的照片，照片后的那些人，以及那些人背后的牧师夫妻，他们都成为小孩子们在自己的家庭外面找到的替代父母（substitute parents），比父母还更进入他们的心灵深处。

父亲在孩子发展过程中所扮演的角色

陈爸和他的伙伴也好，过去的白光胜牧师也好，都不知不觉地在某一程度上，成为孩子生命中替代的父亲。

父亲的形象，是一种饶富趣味的存在。对子女而言，母亲有抚育教养的角色，也就是母爱的英文 mothering 这个动词所指的意义；然而，父亲 father 作为动词时，并没有同样程度关于抚育教养的含义。更多的时候，父亲是一种存在，是一种接纳或排斥的存在。

“父亲像一座山”是经常被使用的形容方式。一座山，是一种有距离的稳定存在，是我们生活中不知不觉的习惯。父亲就是这种存在。只要他坚定地存在，对小孩子的成长就提供了十足的安全感。在孩子的成长过程中，父亲不需要像母亲一样地动手动口的，他只要安定地存在。这样的存在，可能一直没有改变；然而，在孩子的眼中，却随着成长而有不同的意义。

研究父职的心理学家麦可·兰波（Micheal L.Lamb），曾是美国国家儿童发展与人类健康研究中心（NICHD）社会及情感发展研究的负责人，目前任职于剑桥大学心理系。他提出父职角色在孩子不同成长阶段的不同角色：

零到五岁幼年期，父亲是不可或缺的第三者：当孩子从依赖母亲到开始往外探索，心理上需要离开母亲而追求独立个体感时，父亲成为他“安全的第三者”，让他可以没有罪恶感地离开。

六到十二岁学龄期，父亲是具有权威象征的角色典范。这阶段的孩子正是学龄期，开始学习从他律转换到自律。而父亲则应该善用自己的权威感，来为家庭建立规范，并且以身作则来发挥影响力，孩子也可以在内在建立道德心。这也就是在这个阶段，为什么妈妈管不了小孩时会说：“等你爸爸回来，你就知道。”

十三到十八岁的青春期，父亲成了儿子的竞争对手，女儿的第一次异性关系。女儿喜欢跟父亲亲近，儿子则是较接近母亲。然而，这阶段的男孩，需要父亲在身边成为性别认同的楷模，却又忍不住在认同之后进而竞争，发展出如同父亲的男子气概。而女儿则是在与父亲的互动中，形成往后与异性相处的模式。

十九岁以后，父亲在子女生命中扮演的是精神导师。子女成年以后，不论是职业选择或生涯规划，父亲都愿意给予建议，并且加以鼓励，在亚洲社会甚至还会在资金或社会关系上给予进一步的支持。

根据兰波在他编辑的《父亲在孩子发展中的角色》一书绪论中所提出的理论，这每个阶段的父亲，都是一种存在，只是孩子的解读不同罢了。

在孩子的发展过程中，父亲最重要的只是存在，不像母亲是活动或互动的状态。如果有人认为，做父亲比做母亲容易，这确实是事实。然而，尽管“做”的较少或较容易，在意义上，父亲的重要性不见得逊于母亲——至少在现代的资本主义社会里是如此。因为父亲对孩子发展意义，同样十分重大；对孩子的发展同样有深邃的影响，他可能带来的伤害程度也就毫不逊色，甚至还有过之而无不及。

父母如何修补自己造成的伤害

如果伤害发生了，作为父母的我们，又如何去修补自己造成的伤害？

2013 年 6 月，我应邀在中国大陆发行的《心理月刊》担任回答读者来函的心理专家。杂志的编辑帮我筛选了这些来信，其中有一封就是谈到父亲的角色。

你好，今年我四十二岁，有一个十二岁的儿子。四年前我和一位比我小十多岁的女人在一起了，我很爱她，到后来为了她而离婚。离婚是一件浩大的工程。在这个过程中，我希望按自己的原则慢慢去处理，把伤害降到最低。可她竟短信告诉我妻子我们的事情，手机被儿子抢过去看到了短信内容。他很生气，发短信骂她。现在我和妻子已经基本谈好了离婚，儿子从看到短信那天开始，再也不搭理我，打电话给他，他也很少接听，我很伤心，不知所措。他是我最爱的人，可是他怨恨我，无法理解我。他刚上初中，学习状态也不好，我很担心。请告诉我，该怎么办？怎样让儿子理解我，怎样不伤害他，不影响我们的父子情？

这是颇有意思的提问。平常我在诊疗间里工作，遇到的问题是与此十分不同的，经常是比这样的书信问答严重一些；然而，书信提的问题虽然没那么严重，却可能更加复杂。

关于这个复杂的问题，我是这么回答的：

你说得好，离婚是一件浩大的工程。然而，就像离婚一样，爸爸的亲职工作也是一件浩大的工程，而且是更漫长、更没有任何可参考借鉴的工程。

儿子的愤怒可以分几个层面来理解。

首先，你心里要有这样的想法：他在看到你手机上女友的短信以前，其实早已感觉到你的态度有异，感觉到父母之间的关系有变。所有关于离婚的研究都指出，不论父母平常的冲突是否刻意避开子女，孩子其实都清楚感觉得到，只是不知所措地没反应罢了。

孩子害怕失去家这个安全基地，因此，表面上也许不动声色，其实已经顺着自己的无意识，在不知不觉的情况下做了许多努力。他一开始是变得成熟或乖巧的；如果这方法无效，他就会开始出状况，学坏、功课变差等，好引起你们夫妻的注意。家族治疗师称这现象是“代罪羔羊”，也说是小孩子像羔羊一样，希望透过自己的牺牲，来换取诸神（父母）的息怒。你们觉得他什么都不知道，其实他已经做了很多超出他年龄的努力。

如果他那么努力，却发现你还是依然故我，还是坚持离开这个家，也毁了这个家，他的感受不只是伤心，还有被你背叛。可想而知，他对你的愤怒有多么强大。表面上他是为了母亲才生你的气；其实这只是他能表达的方式。他不会承认你的背叛造成的伤害。然而，即使是你的妻子（他的母亲），可以接受这一切，他的情绪还是一样愤怒。

至于你女友的做法是很难理解的。如果她是爱你的，她应该是信任你的，信任你会“按自己的原则慢慢去处理”。然而，她却擅自发短信给你的妻子！是她不爱你，故意惹恼你和你的妻子，还是你在两人关系里，自以为自己是对的，但在实际上缺乏足够的沟通，让女友没有安全感？我担心是后者，因为你的妻子和儿子也都和你女友一样，你对他们的看法都是凭自己猜想的。如果是这样，你亲密关系中的人，也许是等不到你的行动而着急了（或许你女友便是如此），也许是太高估你也太相信你而觉得被背叛了（或许你儿子便是如此）。

如果真的离婚了，你要如何面对这个视你为仇人的小孩呢？甚至，即使没离婚，在经历这件事以后，他恐怕对你还是充满敌意的。

你千万不要积极去解释，但态度一定要真诚。有一天你儿子问起这事，或你只是感觉到他想开口，你一定要真诚说出你在两个女人之间的感觉，不要有任何欺骗，不要做任何选择性的回答。只要他愿意听，你就尽量讲明白。你可以很清楚地让儿子知道，你也许不再爱他的妈妈，但你还是他的好爸爸。

儿子需要会信任他的父亲，透过你的信任，他可以获得自信，可以修补被你背叛的伤害，也可以开始重新信任你。只是什么时候，儿子才会开口问你究竟是发生什么事呢？可能这几天，也可能是二三十年后。

父亲的角色本来就跟母亲不同。根据发展心理学家的说法，母亲是陪着小孩身边一起生活的，一起情绪起伏的；父亲比较像是一座山，是永远关注小孩的稳定存在。因为是一座山，不会有太多改变造成小孩失去安全感；因为是关注小孩的，所以一旦小孩有非平常的需要，父亲的态度是接纳的。

不管你最后是否离婚了，对自己身为父亲的这个角色，千万别着急。儿子的反应不论是怎样，你要放轻松，安安静静地关注他就好。想想那一种感觉，自在地像一座山，有一点距离地陪着他。只要你是安静自在，不要在乎多少年，终有一天他会奔向你的。

我敢这样肯定地回答，是经过一番思考的。

我经常思考，心理治疗的力量，到底是来自哪里？

为什么有些个案，明明花了很大的力气，做很深入的分析，或者是陪伴许多年，但始终还是没办法改变。

有些个案所处的困境同样很艰辛，却是跟他谈一些话、点出一些问题，他就开窍走出来了。

到底，改变是怎么发生的？

这问题可以从很多不同的理论和观点来讨论。心理学中的依附理论，可以提供一个一般人都容易理解的讨论。

孩子是依附大人慢慢长大的

在心理学中，有关于儿童发展的各种理论。其中依附理论是最被广为应用的理论之一。

依附理论可以谈得很深，但也可以谈得很浅白。它的应用不只是在小孩，连大人的临床问题也可以依此理论进行分析思考。

依附理论是跨领域的研究，包括了心理学、演化论和动物行为研究。二次大战刚刚结束的时候，无家可归或沦为孤儿的孩童立刻成为迫切要面对的问题。身为精神科医师也是精神分析师的约翰·鲍比（John Bowlby，1907—1990），应联合国的要求，针对这问题写了一份报告，题目就叫作《母亲被剥夺》（*Maternal Deprivation*），从此，他开始提出依附理论。

刚出生的婴儿是依附在能够跟他们互动的个体上。当婴儿开始长大，开始可以爬可以走时，他们以这个个体作为安全基地，开始由这里往外进行探索。于是，从依附到分离，个体开始慢慢分化成形。

这个理论由北美的心理学者安思渥斯（Mary Ainsworth，1913—1999），在20世纪60年代到70年代加以进一步阐述。她先提出了三种依附模式：

第一种是安全的依附模式（secure attachment）。小孩子在往外探索时，还是可以随时找到安全基地，因为照顾者总是适时地回应，而形成了一个很好的安全依附。

第二种是逃避型依附（avoidant attachment）。孩子对于游戏中的分享，或照顾者的离开或归来，都没有太大的反应。对陌生人也没有太大的差异。这是因为照顾者对他的压力或沮丧都没有太多反应，甚至是阻止他的哭泣而积极鼓励独立不依赖。

第三种是焦虑矛盾的依附（anxious - ambivalent attachment）。照顾者的态度是不一致的，时而热烈时而忽略；婴儿既然没有办法视它为一安全基地，也就在分离前先破坏关系。然而过去曾经拥有这样的安全基地，婴儿既会继续寻找，但又抗拒获得这接触。

第四种是混乱失序的依附（disorganized/disoriented attachment），由加州柏克莱大学玛丽·梅恩（Mary Main）提出来。照顾者是受惊或惊吓他人的、混乱、退缩、角色混乱，经常和各种形式的儿童虐待有关。婴儿因此经常出现固定重复的行为，例如全身僵硬，或者是不断敲打。

这四种模式可以解释许多小孩子为何会出现所描述的行为，甚至在 20 世纪 80 年代亦开始应用到成人，甚至发展出以依附理论为核心的心理治疗方法。够好的依附关系，才能完成心理成长过程中的心智化（mentalization），也就是自我察觉和同理他人的能力。

如果在童年没有足够的依附体验，他可能在日后与他人的亲密关系中（最常见的是爱情或婚姻）、治疗关系中或其他的特殊关系中，获得这样的依附体验，而完成安全的依附模式。

也就是说，童年的依附固然是很重要，但只要不是太严重，不是太早就被剥夺，它还是可以在日后以另外的形式来弥补。

修补的力量如何产生

究竟怎样的关系，才能产生够安全的依附，足以重新弥补过去的伤痕呢？这是一个值得探讨的问题。

许多学者提出他们的论证，要做进一步的说明，但到目前为止，还是没有让大家都信服的说辞。

关系如果产生修补的作用，往往出现在无法预期的时候。

如果我的记忆没有太离谱的错误，我记得多年以前在张小燕主持的《超级星期天》综艺节目里，曾经看过这样的故事，便是一个很好的例子。

《超级星期天》节目里有个单元“超级任务”，是由阿亮（卜学亮）所负责的。有一集，是刚刚出道的动力火车，也就是尤秋兴和颜志琳两位音乐人，他们要寻找自己生命中的重要他人。

在他们还在一起读书时，两人调皮捣蛋，经常逃课出去市区胡乱逛逛。有一次，闯了祸，弄坏别人的摩托车，对方一直要他们赔。可是他们是刚从原住民部落来到小城的单纯小孩，没太多钱，不知怎么办。对方告到学校去；学校的教官于是来了，他们吓坏了。没想到教官一句恶言都没有，不仅帮忙赔了钱，还带他们去吃牛肉面。

他们在节目中说，那是他们人生中吃的第一碗牛肉面。那时候起，他们发觉原来自己是有人关心的，做起事来也就更在乎自己的表现。他们觉得这位教官是他们这一生中的恩人，改变了他们的人生观。

于是阿亮就回到学校，找到这位许久不见的教官。没想到这位教官居然表示，他完全不记得这件事了。

这位教官有学过很深奥的心理治疗吗？当然没有。

这位教官是很用心地想要改变他们两人吗？当然不是，否则，一定记得这件事。

然而，就是因为一切都没有。

这位教官没有心理治疗的目的，也没有想要影响他们。他的帮助就是单纯的帮助，他的关心就是单纯的关心。就是因为这样的单纯，反而产生了修补的力量，也就是在短短的接触中重建了依附关系。

无条件的关心，无条件的爱，也许就是这个秘密的答案。

我们爱情里的占有欲

爱，是一个朗朗上口的字，几乎是陈腔滥调了。

然而，弗洛姆（Eric Fromm，1900—1980），这位伟大的心理学家却有不同的看法。

对于大众文化中所共同憧憬的爱情故事，像莎士比亚的剧本《罗密欧与朱丽叶》，或是普契尼歌剧的《波西米亚人》，或《蝴蝶夫人》等，弗洛姆表示那是爱情的诅咒。对他而言，爱情从来没有“海枯石烂，此情永不渝”这一回事，没有“山盟海誓”的可能。

对弗洛姆来说，每个人活在这世界上，只要他对生活是有稍稍思考的，就会随着生活而有所改变。当人生的想法有所改变时，对爱情的看法也会改变。在这样的情况下，“山盟海誓”怎么可能存在？

在会谈室里，处理婚姻问题时，治疗师经常让对方说一说当初是怎么认识、如何爱上对方的。在这情境下，当事人回想起当年刚刚恋爱时的一切，一方往往会忽然激动起来，指责对方说：“你看，你全变了。以前你是怎么说的？怎么现在变成这样呢？”

随着这股激动稍稍和缓时，我会反问这位质问者：“你自己呢？你自己这些年真的一点都没有改变？”

对弗洛姆来说，海誓山盟只是将人的发展限制住了。真正的人生是活生生永不止息的，是不断成长改变的。唯一的永恒，只有死亡。死亡才能停止一切改变，让誓言所捍卫的一切果真永恒不变。因此，我们所憧憬的那些爱情故事，那些不违背说出口或没说出口的誓约的爱情，无一不是以死亡为结束。罗密欧死了，蝴蝶夫人死了，卡门死了而军官唐·荷西被捕了，连《泰坦尼克号》的杰克也死了。

弗洛姆说，人类对这样爱情的憧憬，原本就是有种“恋尸癖”的欲望。恋尸癖，英文 necrophilia，philia 是喜爱，necro 是来自古希腊字的 nékus，意指尸体或死亡。人们对这样爱情的向往，其实是反映出人类集体潜意识里对任何改变的恐惧，是与现实生活中永远变化无常的事实相违背的。

我们喜欢一个人，应该会喜欢他未来的任何成长、任何改变。这也就是弗洛姆提出恋生欲（biophilia），bio 是生命的、活生生的意思。前些年才去世的哲学家、文学家孟祥森（1937—2009）将弗洛姆这个词译为“爱生哲学”。

真正活着的人是不可能不改变的。我们的想法不只是随着生命而改变，甚至是随着社会变迁而改变。如果泰坦尼克号不沉，如果杰克和萝丝走下船而开始走进生活，在萝丝的上流世界中，杰克会不会变得很笨拙，让萝丝难堪？如果萝丝来到杰克生活的世界，是不是会变得很拘谨，让杰克觉得做作？

弗洛姆认为，爱不只是一种感情，它是存在于人与人之间的创造能力，是“照顾、责任、尊重和认识”。他在《作为人》（*On Being Human*，1977）里这么说着：“我相信选择进步的人们，通过他发展出来的所有人性的力量，可以找到一种新的结合。这些力量是从三个方向产生的，他们可以分开，也可以放在一起：恋生欲，对人性和自然的喜爱，独立与自由。”

先爱自己，才能无条件地爱别人

弗洛姆出生在德国法兰克福的典型犹太人家庭。有关他成长的资料并不多，大多是在自传式作品《超越错觉的锁链》（*Beyond the Chains of Illusion*，1980）里。

根据他的说法，他是家里唯一的小孩。经商的父亲脾气暴躁无常，而母亲则是常处于忧郁状态。在这样环境长大的他，并没有直接说自己是如何受到父母情绪的影响。然而，可以想见，在这样环境下长大的弗洛姆，不只是孤独，甚至经常受到父母双方情绪的影响。

他是孤独的。十二岁那一年，他暗暗爱慕一位家族的朋友，二十五岁的女画家。原本记忆中，美丽而迷人的她，解除了婚约，一直守着她鳏居不苟言笑的父亲。没想到，父亲去世了，没过多久她也自杀了，留下遗嘱要埋在父亲坟墓。这件事启动了他对心灵的好奇。

他因为孤独，自然渴望母爱。他的母亲长期受苦于忧郁症，自然未能充分提供足够依附。这样的恋母心情，让他爱上了他自己的分析师，大他十一岁的弗瑞达·弗洛姆·瑞茨曼（Frida Fromm-Reichmann，1889—1957），也就是《未曾许诺的玫瑰园》（*I Never Promised You a Rose Garden*）中所描述的弗莉医师。伟大的存在主义心理学家罗洛·梅（Rollo May，1909—1994），年轻时也是她的个案。

同样地，弗洛姆从父母那边，恐怕也是受到他们情绪的间接“侵略”吧！说是“侵略”，是指父亲的暴躁，将给小孩带来永远的恐惧和自责，是不是自己惹父母生气了；母亲的忧郁，则带来永远的无助感和另一种自责，觉得自己没帮上忙，间接害了母亲。

也许这样，弗洛姆写下他的重要作品《人人为己》（*Man for Himself*，1947）。

人人为己？这话听起来十分奇怪。

弗洛姆认为，每个人都要将自己当作最优先照顾的对象。唯有自己的状况安顿了，对别人的付出才会可能无所求。弗洛姆这样的主张，相信是来自他自己最深刻的体验，也就是童年的成长。

就像大部分的父母一样，弗洛姆的父母恐怕也是不自觉地将自己的欲望投射在小孩子身上。在成长的过程里，我们在生活里经常可以听到的一些说法，乍看是充满亲情的，其实往往是有条件的。

我们可以从生活里常听到的话，来思考我们身为父母时可能经常闪过脑海的用语，想想这些自以为是为了孩子而牺牲自己的话语，是否在另一层面也挟带了我们私心想操控的？

“妈妈骂你是为你好！”也许意识层面的确是为了孩子好，

但动机果真仅止于此？还是多少也发泄了自己的情绪？

“这么辛苦地做牛做马，就是为了你们的将来。”是否在教训之余，利用孩子的罪恶感，让他们有理也说不出口，只好全都顺从了？

“你怎么可以这样，我是这么爱……”因为我们认为自己付出了爱，就可以要求对方放弃任何不同的主张？

“孩子，我要你比我更好！”所以孩子就变成我们人生跑道的下一棒，是我们的延伸，不能自己选择跑道？

无条件的爱是十分不容易的。

人与人的亲密关系，是十分复杂的交错关系，充满了双方之间各自成长经验所相互投射出来的错觉。即便是人性中被公认为最无私的母爱，也很难不带有些许的自私欲望。即使是最纯粹的爱，也是经常发自内疚和害怕。

我们在这样的爱中长大，也不自觉地用同样的心态去爱别人。因为如此，我们的爱，常常不容易没有条件。弗洛姆指出，我们所歌颂的爱情是隐藏着恋尸癖的欲望，就是要指出我们往往以爱为名，其实是出于自己的恐惧而想将对方牢牢掌控。因此，唯有我们对自己是充足照顾的，是让自己的恐惧或不安都不会发生，我们对他人的爱才会真的无所求了。

爱应该是不会勒索，不必讨价还价，也不因恐惧而勉强。然而，能给予无条件的爱，必然是无条件地爱自己。

疗愈的力量来自单纯的真诚

对他人无条件的爱、无条件的关怀，是一件经常不必很用力就做到的事。因为我们是先对自己有了无条件的爱，自己是满足的，付出也就十分自在，十分自然了。而且，这样的爱是没有所谓专业训练的绝对必要；然而，不可否认，如果我们要深入理解自己是如何对待自己的，透过被分析的个人体验，或类似的专业训练，将会十分有帮助。

专业不是必要条件，能够无条件地爱自己才是重点。这也就是为什么我们可以看到，许多成功地帮助别人的人，是不曾受过专业训练的。

有一个例子，是我多年以前在花莲见到的。我一直念念不忘。我在许多大众演讲提到过这个例子，也曾写进《好父母是后天学来的》一书中：

1993年台湾施行《儿童福利法》时，我在花莲曾经协助过一对姊弟。他们的父母经年在都市里作板模工，是住在工地的流浪工人，小孩只好托故乡的父母照顾。可是贫穷总是残酷的，它不只是经济上的匮乏，也让人容易病痛和衰老。姊弟的祖父母因此经年卧病在床，连三餐都是村里邻居叫姊姊带些多余的饭菜回去凑合。因此《儿童福利法》实施时，这对法律上属于被疏忽的姊弟也就由村长登记上报，而强制安置了。

寄养家庭原本十分犹豫，因为一口气要多两个小孩；可是听到才小学五年级的姊姊是如此懂事，祖父母和小弟弟都是她照顾的，才放心接受。可是，住进来几个月后，一切却有了与预期全然不同的发展。

黏人的弟弟适应得还不错，倒是懂事的姊姊开始出状况。

她先是半夜醒来会跑去寄养父母的床上，后来临睡便赖着不走。甚至出现每天黏着寄养妈妈，寸步不离。终于，寄养父母受不了是因为吃喜酒的那一晚。

寄养父母原本就有两个儿子，年纪和这两姊弟差不多。那一晚寄养父母要去参加喜宴，姊姊抓紧寄养父母坚持要去。他们想，只有一个红包，总不能四个小孩都带去而占掉半桌，索性就都不带了。没想到他们吃完喜酒，开车回家的半路，看见对面小坡的家门灯火大亮，简直吓坏了。待车到门口，才看见自家大门洞开，而姊姊坐在门槛上。

寄养父母想，是不是自己的带法有问题，才让小孩的状况愈来愈糟？于是透过负责安置的家扶中心，安排了一次个案讨论会。这也是我遇到这对姊弟的缘故。我告诉寄养父母，不是带法有问题，而是他们带得好极了。

姊姊是典型的小大人，还没拥有足够的依附就被迫成熟了。然而，来到这个家，因为寄养父母创造了一个可以让她完全放心的环境，她潜抑的依附需要被释放出来，举止才会变得十分小孩子，也就是所谓的退行（regression）。

英国儿童心理大师温尼考特就曾提出“有益的退行”这一观念，认为“欲求（精神分析式的）治疗有效，必须让退行发生以寻求真我”。这对寄养父母虽然没任何专业，但他们单纯的真诚和韧性，对这对姊弟却产生了治疗性的改变。

这样的单纯的真诚和韧性，就是这对寄养父母对这两个小孩的爱确实是无条件的，是没有任何附加的期待的。

同样地，当年布依部落的白光胜牧师也是如此，无条件的付出。刚刚毕业的他，单纯地想奉献给主，所有企图都是放在那些走失的羊儿，也就是不再对信仰有真正企盼的族人。对孩子们的照顾，只是一种顺便发展出来的附加活动。因为是无意中发展出来的，也就没有任何附加条件，反而带出了一批批的孩子。于是，通过教堂，孩子们完成了自己的依附需要，可以适当地处理自己的创伤了。

同样在台东的“孩子的书屋”里，陈爸和他那一群伙伴也是一样了不起的。也许在某一定义下，他们都曾是这个社会的“失败者”。曾经是失败者而又站起来，他们知道面对未来，任何人都是十分艰辛的，对孩子们对他们付出的反应，对孩子们在外面世界的表现，也就没有太多要求的条件。

同样地，动力火车二人组年轻时遇到的那位教官，当他被电话通知而赶到现场时，也不会想到要创造出任何奇迹。他只是单纯地觉得，只要是学生的事都是教官或老师的事，全然没有嫌麻烦的念头。他去了，单纯地关怀学生，也许顶多是知道这些孩子才刚离开部落，因而再多一点用心，如此而已。因为这一切作为都是应该的，对两个学生也就无所求，甚至连记住这一切都不用了。

没有不犯错的父母亲

台风刚刚过境的一个下午，子轩和他的母亲一起来到我的心理治疗诊所。母亲谈起子轩的事，在这样的一个家族压力下，自己是如何严厉要求小孩。忽然，她犹豫一下，有点困窘地说："我自己身为母亲，过去的作为，大概就像你所说的，是有毒的父母。"我听了，感觉既是尴尬，又不免心里一震。

我自己在过去的文章里，曾经数度用过"有毒的父母"这一观念，也就是《父母会伤人》这本书的英文原书名。只是，写文章的心情是一回事，看诊又是另一回事，总天真地认为这是全然不相干的两个世界。忽然在自己的诊间里，遇到读我文章的人，原本就有些错愕；文章里的分析，竟然是当事人也点头承认的，更是有些惊讶。

我直觉的反应是，立刻找一些话安慰，因为有些措手不及而结结巴巴："其实不会的，不会那么严重的，你会这样思考，自己就不会有这问题了。”

多年以来，我不知不觉地写了不少关于青少年或年轻人的文章。有些身为父母的朋友，会直接地表示：“你根本没考虑我们为人父母的处境！”更多的朋友则是和子轩的母亲相近，也许自责，也许回避相关的话题。总之，好似我是指责着他们，而他们也以不同的方式承认或默认了。

一位读者给我的信是这样写的：“我只是用我父母的方式来教我小孩。我一直以为自己做得不错，至少比我父母还好，因为他们那些让小时候的我不舒服的部分，我全改了。直到孩子开始不愿上学，我又刚好看了你的书……原来我犯了这么严重的错，竟然不知道自己伤了孩子这么深。我怎么办？永远注定是一个坏父母，无法挽回了？我对不起自己的孩子……”这一切的反应，都是在我意料之外。

当初，从 1996 年开始在《幼狮少年》开始写这些文章，一路写写停停，只是想告诉大家：我们忽略了青少年所处的世界，我们来看看青少年的处境吧。我没想到，我以为一直没谈父母，其实老早就间接地指责了父母。

然而光是指责，只是徒然让父母更不可能无条件地爱子女。当父母的内心有更多的罪疚，当父母不能真诚地相信自己是值得爱的，他们又怎能无条件地爱子女呢？

而这一切的问题，恐怕都来自我内心的投射。

我自己经历的青少年阶段是辛苦的，而且，没意识到自己将这一切有意无意地全都怪罪在我父母身上。我自己没察觉这样的一个态度，当然就不可能去同理我父母也是在满是创伤的过程中长大的，当然也就让自己沉溺在自己是受害者的情绪中。

于是，我的书写忽略了父母的处境，忽略了自己应该随时提醒：所有的伤痕都是可以修补的，而做父母原本就是一种犯错的历程。温尼考特早就说了：没有完美的父母，只有够好的父母（good - enough parent）。够好的父母当然会犯错，只是他们是因为不知道才犯错，知道以后就不会再犯这一个错了。

父母当然可以犯错，甚至，因父母之错而受伤的子女，心中的伤痕也是可以修复的。

父母像山一般安定地存在，就是疗愈的开始

建志因为暑假的缘故，从国外回来度假。他这两年顺利多了，过去几年每每教他不得不休学的忧郁症状，似乎已经永远离去。他来约诊，也许是还有一丝对自己的不安，但更多是想和我分享他的成就感：strait A 的学期成绩、某某教授对他作品的激赏、获得一份同学们称羡的实习机会……然而，不经意地，他提起哥哥：他自己的情形不再让父母担心之后，反倒是向来让父母最放心的哥哥，开始有酗酒的倾向。

建志的哥哥大他两岁，他后面则有一位小六岁的弟弟。

弟弟一出生便是多重残障，连胸腔发育都不良，以至于经

常肺炎发作而需要呼吸器，直到弟弟十岁那年去世为止。在这之前，父母为了照顾弟弟，用尽所有精力，几乎都忘了建志他们两位兄弟。

建志的忧郁症是初中二年级开始，更早以前则是莫名的肠胃绞痛而经常被送急诊。现在他回想起来，已经知道自己是身心症状，是潜意识为了引起父母注意才发展出来的。

他想，如果他自己的生病是这缘故，会不会哥哥也是如此？父母担心建志忧郁的缘故，恐怕是将哥哥给忽略了。

过两天，建志的父母亲自己来了。原来，我们的谈话，建志回去告诉父母了。父母觉得有道理，于是来找我商量。我听父母自己亲口说起当年种种，原来有更多的辛苦是建志不曾知道的。他父母说：“可是，怎么办，我们对哥哥的忽略所造成的伤害已经形成了，如何才能帮他？”

父母亲所着急的，是哥哥已经拒绝和他们互动。如果没有机会交谈，又怎能帮忙呢？

我要他们先要原谅自己。同样是这样的情况，生下一个不容易照顾的小孩，有哪位父母做得比他们更好呢？如果再来一次，他们可以做得更好吗？他们要放下自己内心的自我谴责，这是无条件地爱自己的第一步。

当他们面对哥哥是没有罪疚的，是自在的，他们才可能无条件地去爱哥哥，进而修补以前遗漏的依附。

“如果哥哥不想谈，你们不用问，也不着急，更不必自责。你们只要让他知道，爸妈是随时都等待和他交谈，只要他愿意。”

这时，既然任何积极的态度都只是造成更大的紧张，妈妈也可以像爸爸一样，像一座山一样自在地存在着。只要山的子女愿意亲近这座山，愿意走向山来，山当然乐意去拥抱他的子女，乐意成为他哭泣所倚靠的支持，乐意包容他疗伤需要的停留。山，对自己的子女，只有无条件的爱。

任何子女，不论他多大了，不论他跑多远了，只要一回头，立刻可以看到山，同时也觉得山也充满关注地看着他，一股被爱的感觉自然产生，疗愈的力量于是涌上。

我回复《心理月刊》那位担心儿子受到伤害而不理他的父亲也是这样的：像一座山一样地存在着。大地都会随四季递变了，只要他能自在地持续着，终有一天，这一切误会都会找到疏解的方式。

像一座山一样，自在地存在着，这是我们在这个十倍速时代最好的生命方式。